数论经典著作系列

初等数论100例

100 Examples of Elementary Number Theory

柯召 孙琦 编著

哈尔滨工业大学出版社
HARBIN INSTITUTE OF TECHNOLOGY PRESS

内 容 提 要

本书选编了 100 个初等数论题目和它们的解答,并在后面列出了所需要的定义和定理.通过这些题目和解答,能增强解决数学问题的能力.

本书除了可以作为中学教师、中学生的读物外,也可供广大数学爱好者阅读.

图书在版编目(CIP)数据

初等数论 100 例/柯召,孙琦编著. —哈尔滨:哈尔滨工业大学出版社,2011.4(2025.1 重印)
ISBN 978-7-5603-3284-0

Ⅰ.①初… Ⅱ.①柯… ②孙… Ⅲ.①初等数论 Ⅳ.①O156.1

中国版本图书馆 CIP 数据核字(2011)第 088666 号

策划编辑	刘培杰　张永芹
责任编辑	李长波
封面设计	孙茵艾
出版发行	哈尔滨工业大学出版社
社　　址	哈尔滨市南岗区复华四道街 10 号　邮编 150006
传　　真	0451-86414749
网　　址	http://hitpress.hit.edu.cn
印　　刷	哈尔滨市颉升高印刷有限公司
开　　本	787mm×1092mm　1/16　印张 6　字数 84 千字
版　　次	2011 年 5 月第 1 版　2025 年 1 月第 8 次印刷
书　　号	ISBN 978-7-5603-3284-0
定　　价	18.00 元

(如因印装质量问题影响阅读,我社负责调换)

前 言

这里选编了 100 个初等数论题目和它们的解答. 这些题目的解法虽然用到的知识不多,但比较灵活,有一定的难度,通过这些题目和解答,能够增强我们解决数学问题的能力,并使读者了解一些初等数论的内容和方法. 初等数论的知识和技巧是我们学习近代数学时所需要的,特别是学习某些应用数学学科时所需要的,因此,这本小册子除了可以作为中学教师、中学数学小组的读物外,也可供广大数学爱好者阅读.

这些题目是我们从事数论教学中逐步积累的一部分,主要选自《美国数学月刊》杂志,以及安道什(P. Erdös)著《数论的若干问题》,夕尔宾斯基(W. Sierpiński)著《数论》等书籍. 其中也有我们自己的一些结果. 为了避免重复,国内容易找到的一些数论教科书和数学竞赛中的题目,我们基本上没有选入. 同时对其中某些还可进一步深入探讨的题目,我们在解答后面加了一些注释.

这 100 个题目中的绝大部分仅仅用到初等数论中的整除、同余等简单的内容,只有一小部分题目要用到二次剩余、元根等知识. 为方便读者,我们在后面列出了所需要的定义和定理. 至于这些定理的证明,读者可以在任何一本初等数论的书中找到.

限于作者水平,错误与不当之处,尚祈读者指正.

作 者
1979 年 3 月于成都

目录

第一章 初等数论100例 // 1

第二章 初等数论的一些定义和定理 // 64

初等数论 100 例

第一章

1. 设 $m>0, n>0$,且 m 是奇数,则
$$(2^m-1, 2^n+1)=1$$

证 设 $(2^m-1, 2^n+1)=d$,于是可设
$$2^m=dk+1, \quad k>0 \tag{1}$$
和
$$2^n=dl-1, \quad l>0 \tag{2}$$

式(1)和式(2)分别自乘 n 次和 m 次得
$$2^{nm}=(dk+1)^n=td+1, \quad t>0 \tag{3}$$
和
$$2^{nm}=(dl-1)^m=ud-1, \quad u>0 \tag{4}$$

由(3)和(4)得
$$(u-t)d=2$$
故
$$d \mid 2$$
$d=1$ 或 2,而 2^m-1 和 2^n+1 都是奇数,因此 $d=1$.

2. 设 $(a,b)=1, m>0$,则数列
$$\{a+bk\}, \quad k=0,1,2,\cdots$$
中存在无限多个数与 m 互素.

证 存在 m 的因数与 a 互素,例如 1 就是,用 c 表示 m 的因数中与 a 互素的所有数中的最大数,设 $(a+bc,m)=d$.

我们先证明 $d=1$. 由 $(a,b)=1,(a,c)=1$ 得
$$(a,bc)=1 \qquad (1)$$
从而可证得
$$(d,a)=1, \quad (d,bc)=1 \qquad (2)$$
因为如果(2)不成立,便有 $(d,a)>1$ 或 $(d,bc)>1$,于是 (d,a) 或 (d,bc) 有素因数,即存在一个素数 p 使 $p\mid(d,a)$ 或 $p\mid(d,bc)$. 而 $d\mid a+bc$,当 $p\mid(d,a)$ 时,由 $p\mid a, p\mid a+bc$,可得 $p\mid bc$,与(1)矛盾;同样,当 $p\mid(d,bc)$ 时,也将得出与(1)矛盾的结果. 因此,$(d,c)=1$.

另一方面,由 $d\mid m, c\mid m$(c 是 m 的因数) 及 $(d,c)=1$,可得 $dc\mid m$,又从(2)的 $(d,a)=1$ 和 $(a,c)=1$,得出 $(a,cd)=1$,由于 c 是 m 的因数中与 a 互素的数中最大的数,所以 $d=1$(否则 $cd>c$),即 $(a+bc,m)=1$.

对于 $k=c+lm, l=0,1,\cdots$,有
$$(a+bk,m)=(a+bc+blm,m)=(a+bc,m)=1$$
这就证明了有无穷多个 k 使 $(a+bk,m)=1$.

3. 设 $m>0, n>0$,则和
$$S=\frac{1}{m}+\frac{1}{m+1}+\cdots+\frac{1}{m+n}$$
不是整数.

证 可设 $m+i=2^{\lambda_i}l_i, \lambda_i\geq 0, 2\nmid l_i, i=0,1,\cdots,n$,由于 n 是正整数,所以 $m,m+1,\cdots,m+n$ 中至少有一个偶数. 即至少有一个 i 使 $\lambda_i>0$. 设 λ 是 $\lambda_0,\lambda_1,\cdots,\lambda_n$ 中最大的数. 我们断言,不可能有 $k\neq j$ 而 $\lambda_k=\lambda_j=\lambda$. 如果不是这样,可设 $0\leq k<j\leq n, \lambda_k=\lambda_j=\lambda, m+k=2^{\lambda_k}l_k, m+j=2^{\lambda}l_j$,因为 $m+k<m+j$,所以 $l_k<l_j$. 这就导致有偶数 h 使 $l_k<h<l_j$. 故在 $m+k<m+j$ 之间有数 $2^{\lambda}h, 2\mid h$. 即可设 $2^{\lambda}h=m+e=2^{\lambda_e}l_e>m+k=2^{\lambda}l_k$. 这时 $\lambda_e>\lambda$,与 λ 是最大有矛盾,这就证明了有唯一的一个 $k, 0\leq k\leq n$,使 $m+k=2^{\lambda}l_k, 2\nmid l_k$. 设
$$l=l_0\cdot l_1\cdot\cdots\cdot l_n$$
在 S 的两端乘以 $2^{\lambda-1}l$ 得
$$2^{\lambda-1}lS=\frac{N}{2}+M \qquad (1)$$
其中 $\frac{N}{2}=2^{\lambda-1}l\frac{1}{m+k}=\frac{2^{\lambda-1}l}{2^{\lambda}l_k}$,故 N 是一个奇数. 其余各项都是整数,它们的和设为整数 M. 从(1)立刻知道 S 不是整数. 因为,如果 S 是整数,由(1)可得

$$2^\lambda lS - 2M = N \tag{2}$$

(2)的左端是偶数,右端是奇数,这是不可能的.

4. 设 $m > n \geq 1, a_1 < a_2 < \cdots < a_s$ 是不超过 m 且与 n 互素的全部正整数,记

$$S_m^n = \frac{1}{a_1} + \frac{1}{a_2} + \cdots + \frac{1}{a_s}$$

则 S_m^n 不是整数.

证 由于 $(1, n) = 1$,所以 $a_1 = 1$. 又因已知 $m > n \geq 1$,且 $(n+1, n) = 1$,故 $s \geq 2$. a_2 必是素数,因如果 a_2 是复合数,则有素数 $p, p \mid a_2$ 且 $1 < p < a_2$,$(p, n) = 1$,这不可能. 设 a_2^k 是不超过 m 的 a_2 的最高幂,即 $a_2^k \leq m < a_2^{k+1}, k \geq 1$. 由 $(a_2^k, n) = 1$ 知,存在某个 $t, 2 \leq t \leq s$,使 $a_t = a_2^k$,如果 $a_1, a_2, \cdots, a_s$ 中另一个 a_j 被 a_2^k 整除,可设 $a_j = a_2^k c, t < j \leq s, m > c > 1$,而 $(c, n) = 1$,故 $c \geq a_2$,这就得到 $a_j = a_2^k c \geq a_2^{k+1} > m$,与 $a_j \leq m$ 矛盾. 现设 $a_i = a_2^{\lambda_i} l_i, a_2 \nmid l_i, \lambda_i \geq 0, i = 1, 2, \cdots, s, l = l_1 l_2 \cdots l_s$,乘 S_m^n 两端以 $a_2^{k-1} l$ 得

$$a_2^{k-1} l S_m^n = \frac{l}{a_2} + M \tag{1}$$

其中 $\dfrac{l}{a_2}$ 一项是由 $\dfrac{a_2^{k-1} l}{a_t} = \dfrac{a_2^{k-1} l}{a_2^k}$ 一项得来,其余各项都是整数,其和设为 M,由(1)知 S_m^n 不是整数,如果 S_m^n 是整数,由(1)得

$$a_2^k l S_m^n - a_2 M = l \tag{2}$$

(2)的左端是 a_2 的倍数,与 $a_2 \nmid l$ 矛盾.

注 由此题可立即推得 $S = 1 + \dfrac{1}{3} + \dfrac{1}{5} + \cdots + \dfrac{1}{2u-1}(u > 1)$ 不是整数,以及 $S = 1 + \dfrac{1}{2} + \dfrac{1}{4} + \dfrac{1}{5} + \cdots + \dfrac{1}{3u+1} + \dfrac{1}{3u+2}(u \geq 0)$ 不是整数.

5. 设 $1 \leq a \leq n$,则存在 $k(1 \leq k \leq a)$ 个正整数 $x_1 < x_2 < \cdots < x_k$,使得

$$\frac{a}{n} = \frac{1}{x_1} + \frac{1}{x_2} + \cdots + \frac{1}{x_k} \tag{1}$$

证 设 x_1 是最小的正整数使得

$$\frac{1}{x_1} \leq \frac{a}{n}$$

如果 $\dfrac{a}{n} = \dfrac{1}{x_1}$,则(1)已求得;如果 $\dfrac{a}{n} \neq \dfrac{1}{x_1}$,则 $x_1 > 1$,令

$$\frac{a}{n} - \frac{1}{x_1} = \frac{ax_1 - n}{nx_1} = \frac{a_1}{nx_1}$$

其中 $ax_1 - n = a_1 > 0$，由于 x_1 的最小性，有 $\frac{1}{x_1 - 1} > \frac{a}{n}$，故 $ax_1 - n < a$ 即 $a_1 < a$；再设 x_2 是最小的正整数使得

$$\frac{1}{x_2} \leqslant \frac{a_1}{nx_1}$$

如果 $\frac{1}{x_2} = \frac{a_1}{nx_1}$，则 (1) 已求得；如果 $\frac{a_1}{nx_1} \neq \frac{1}{x_2}$，则 $x_2 > 1$

$$\frac{a_1}{nx_1} - \frac{1}{x_2} = \frac{a_1 x_2 - nx_1}{nx_1 x_2} = \frac{a_2}{nx_1 x_2}$$

其中 $a_1 x_2 - nx_1 = a_2 > 0$，由于 $\frac{1}{x_2 - 1} > \frac{a_1}{nx_1}$，故 $a_2 < a_1 < a$. 如此继续下去，可得 $a > a_1 > a_2 > \cdots > a_k = 0$，而 $1 \leqslant k \leqslant a$，且存在 k 个正整数 $x_1 < x_2 < \cdots < x_k$，使得 (1) 成立.

注 当 $0 < a < n, (a, n) = 1, n$ 为奇数时，要求 $x_1, x_2, \cdots, x_k$ 全为奇数，(1) 是否存在？

6. 设 $(a, b) = 1, a + b \neq 0$，且 p 是一个奇素数，则
$$(a + b, \frac{a^p + b^p}{a + b}) = 1 \text{ 或 } p$$

证 设 $(a + b, \frac{a^p + b^p}{a + b}) = d$，则 $a + b = dt, \frac{a^p + b^p}{a + b} = ds$，于是
$$d^2 st = a^p + b^p = a^p + (dt - a)^p =$$
$$d^p t^p - pad^{p-1}t^{p-1} + \cdots + pdta^{p-1}$$

上式两端约去 dt，可得
$$ds = d^{p-1}t^{p-1} - pad^{p-2}t^{p-2} + \cdots + pa^{p-1} \tag{1}$$

由 (1) 可得
$$d \mid pa^{p-1} \tag{2}$$

我们可以证明 d, a 互素. 因为若设 $(d, a) = d_1$，如果 $d_1 > 1$，则 d_1 有素因数 q，$q \mid d_1, q \mid d, q \mid a$，而 $d \mid a + b$，故 $q \mid a + b$，推出 $q \mid b$，与 $(a, b) = 1$ 矛盾，因此 $(d, a) = 1$，从 (2) 推出 $d \mid p$，于是 $d = 1$ 或 p，这就证明了我们的论断.

7. 证明

1) 设 α 是有理数，b 是最小的正整数使得 $b\alpha$ 是一个整数，如 c 和 $c\alpha$ 是整数，则 $b \mid c$.

2) 设 p 是素数,$p \nmid a$,b 是最小的正整数使 $\dfrac{ba}{p}$ 是一个整数,则 $b = p$.

证 由带余除法
$$c = bq + r, \quad 0 \leqslant r < b$$
故
$$r\alpha = (c - bq)\alpha = c\alpha - bq\alpha$$
是一个整数,如果 $r \neq 0$,与 b 的选择矛盾,故 $r = 0$,即 $b \mid c$,这就证明了 1).

由于 $p \cdot \dfrac{a}{p}$ 也是一个整数,由结果 1)知 $b \mid p$,故 $b = p$ 或 1,由于 $p \nmid a$,故 $\dfrac{a}{p}$ 不是整数,所以 $b \neq 1$,于是推得 $b = p$,这就证明了 2).

注 利用此题的结果可证整数的唯一分解定理.

8. 设 $a > 0, b > 0$,且 $a > b$,利用辗转相除法求 (a,b) 时所进行的除法次数为 k,b 在十进制中的位数是 l,则
$$k \leqslant 5l$$

证 考查斐波那契数列 $\{u_n\}$:
$$u_1 = 1, \quad u_2 = 1, \quad u_{n+2} = u_{n+1} + u_n, \quad n = 1, 2, \cdots \tag{1}$$
首先证明数列(1)的一个性质:
$$u_{n+5} > 10 u_n, \quad n \geqslant 2 \tag{2}$$
$n = 2$ 时,$u_2 = 1$,$u_7 = 13$,故(2)成立. 设 $n \geqslant 3$,
$$u_{n+5} = u_{n+4} + u_{n+3} = 2u_{n+3} + u_{n+2} = 3u_{n+2} + 2u_{n+1} = 5u_{n+1} + 3u_n = 8u_n + 5u_{n-1}$$
因为
$$u_n = u_{n-1} + u_{n-2} \leqslant 2u_{n-1}$$
故
$$2u_n \leqslant 4u_{n-1}$$
这样
$$u_{n+5} = 8u_n + 5u_{n-1} > 8u_n + 4u_{n-1} \geqslant 10u_n$$
由(2)可得
$$u_{n+5t} > 10^t u_n, \quad n = 2, 3, \cdots; t = 1, 2, \cdots \tag{3}$$
现设 $a = n_0, b = n_1$,用辗转相除法得
$$\left.\begin{array}{l} n_0 = q_1 n_1 + n_2, \quad 0 < n_2 < n_1 \\ n_1 = q_2 n_2 + n_3, \quad 0 < n_3 < n_2 \\ \quad\quad \vdots \quad\quad\quad\quad\quad \vdots \\ n_{k-2} = q_{k-1} n_{k-1} + n_k, \quad 0 < n_k < n_{k-1} \\ n_{k-1} = q_k n_k \end{array}\right\} \tag{4}$$

因为 $q_k \geq 2$，故由(4)得
$$n_{k-1} = q_k n_k \geq 2n_k \geq 2 = u_3$$
$$n_{k-2} \geq n_{k-1} + n_k \geq u_3 + u_2 = u_4$$
$$n_{k-3} \geq n_{k-2} + n_{k-1} \geq u_3 + u_4 = u_5$$
$$\vdots$$
$$n_1 \geq n_2 + n_3 \geq u_k + u_{k-1} = u_{k+1}$$

如果 $k > 5l$ 即 $k \geq 5l + 1$，则 $n_1 \geq u_{k+1} \geq u_{5l+2}$，由(3)得
$$n_1 \geq u_{5l+2} > 10^l u_2 = 10^l \tag{5}$$

因为 n_1 的位数是 l，故(5)不能成立，这就证明了 $k \leq 5l$.

注 存在正整数 a 和 b 使 $k = 5l$. 例如 $a = 144, b = 89$，有
$$144 = 89 + 55$$
$$89 = 55 + 34$$
$$55 = 34 + 21$$
$$34 = 21 + 13$$
$$21 = 13 + 8$$
$$13 = 8 + 5$$
$$8 = 5 + 3$$
$$5 = 3 + 2$$
$$3 = 2 + 1$$
$$2 = 2$$

以上作了 10 次除法，而 b 是两位数，故 $k = 5l$.

9. 设 p_s 表示全部由 1 组成的 s 位(十进制)数，如果 p_s 是一个素数，则 s 也是一个素数.

证 用反证法. 如果 $s = ab, 1 < a < s$，则
$$p_s = 1 + 10 + \cdots + 10^{s-1} = \frac{10^s - 1}{9} = \frac{10^{ab} - 1}{9}$$

因为 $10^a - 1 \mid 10^{ab} - 1$，故 $\dfrac{10^a - 1}{9} \left| \dfrac{10^{ab} - 1}{9} \right. = p_s$，而
$$1 < \frac{10^a - 1}{9} < p_s$$

这与 p_s 是素数矛盾.

注 这个结论反过来不真. 如 $p_3 = 111 = 3 \cdot 37, p_5 = 11111 = 41 \cdot 271$，等等. 但是，也存在 p_s 是素数，如 $p_2, p_{19}, p_{23}, p_{317}$ 都是素数，这是迄今所知道的这种素数的全部，而且 p_{317} 是在发现 p_{23} 几乎 50 年后，在 1978 年才用电子计算机算出来的. 猜测下一个这样的素数很可能是 p_{1031}，但该猜测尚未得到证明. 至于回答

是否有无穷多个 p_s 为素数的问题,是非常困难的. 在这里,我们还可以提出下面这样的问题. 我们看到 83 的数位上的数字之和 $8+3=11$ 是一个素数,那么是否有无限多个素数,这些素数数位上的数字之和还是素数? 看来这也是一个非常困难的问题.

10. 设 $n > 1, m = 2^{n-1}(2^n - 1)$,证明:任何一个 $k(1 \leqslant k \leqslant m)$ 都可以表示成 m 的(部分或全部)不同因数的和.

证 当 $1 \leqslant k \leqslant 2^n - 1$ 时,由于
$$a_0 + a_1 \cdot 2 + \cdots + a_{n-1} \cdot 2^{n-1}, \quad a_i = 0 \text{ 或 } 1, \quad i = 0, 1, \cdots, n-1$$
正好给出了 $0, 1, 2, \cdots, 2^n - 1$,所以此时 k 是 2^{n-1} 的不同因数 $1, 2, \cdots, 2^{n-1}$ 的部分或全部的和.

再设 $2^n - 1 < k \leqslant m$,有
$$k = (2^n - 1)t + r, \quad 0 \leqslant r < 2^n - 1, \quad t \leqslant 2^{n-1} \tag{1}$$
由于 r 和 t 都是 $1, 2, \cdots, 2^{n-1}$ 中一些数的和,可设
$$t = t_1 + t_2 + \cdots + t_u, \quad 1 \leqslant t_1 < t_2 < \cdots < t_u \leqslant 2^{n-1}$$
$$r = r_1 + r_2 + \cdots + r_v, \quad 1 \leqslant r_1 < r_2 < \cdots < r_v \leqslant 2^{n-1}$$
代入(1)得
$$k = (2^n - 1)t_1 + (2^n - 1)t_2 \cdots + (2^n - 1)t_u + r_1 + r_2 + \cdots + r_v \tag{2}$$
$(2^n - 1)t_j \mid m, j = 1, 2, \cdots, u$,因 $n > 1$,所以 $(2^n - 1)t_j \geqslant 2^n - 1 > 2^{n-1}$,(2) 表明 k 表成了 m 的部分或全部不同因数的和.

11. 设 $k \geqslant 2$,且当 $j = 1, 2, \cdots, [\sqrt[k]{n}]$ 时,都有 $j \mid n$,则
$$n < p_{2k}^k \tag{1}$$
这里 p_{2k} 表示第 $2k$ 个素数.

证 设 $1, 2, \cdots, [\sqrt[k]{n}]$ 的最小公倍数为 m,则可设
$$m = p_1^{m_1} p_2^{m_2} \cdots p_l^{m_l}$$
其中 $p_1, p_2, \cdots, p_l$ 是 $1, 2, \cdots, [\sqrt[k]{n}]$ 中出现的素数,则显然有
$$p_l \leqslant \sqrt[k]{n} < p_{l+1}, \quad p_\lambda^{m_\lambda} \leqslant \sqrt[k]{n} < p_\lambda^{m_\lambda+1}, \quad m_\lambda \geqslant 1, \quad \lambda = 1, 2, \cdots, l$$
由于 n 是 $1, 2, \cdots, [\sqrt[k]{n}]$ 这些数的一个公倍数,所以 $m \leqslant n$. 而 $\sqrt[k]{n} < p_\lambda^{m_\lambda+1} \leqslant p_\lambda^{2m_\lambda}$,$\lambda = 1, 2, \cdots, l$. 把这 l 个式子相乘,得
$$(\sqrt[k]{n})^l < m^2 \leqslant n^2 \tag{2}$$
观察式(2)中的指数得出 $\dfrac{l}{k} < 2$,即得 $p_l < p_{2k}, p_{2k} \geqslant p_{l+1}$,故
$$\sqrt[k]{n} < p_{l+1} \leqslant p_{2k}$$

这就证明了式(1).

12. 设 $n > 0, a \geq 2$,则 n^a 能够表示成 n 个连续的奇数的和.

证 如果 n 是偶数则
$$n^a = nn^{a-1} = (n^{a-1} - n + 1) + (n^{a-1} - n + 3) + \cdots + (n^{a-1} - 3) + (n^{a-1} - 1) + (n^{a-1} + n - 1) + (n^{a-1} + n - 3) + \cdots + (n^{a-1} + 3) + (n^{a-1} + 1)$$

右端是 n 个连续的奇数的和.

如果 n 是奇数,则
$$n^a = n^{a-1} + (n^{a-1} + 2) + (n^{a-1} + 4) + \cdots + (n^{a-1} + n - 1) + (n^{a-1} - 2) + (n^{a-1} - 4) + \cdots + (n^{a-1} - n + 1)$$

右端仍是 n 个连续的奇数的和.

13. 证明不定方程
$$x^{2n+1} = 2^r \pm 1 \tag{1}$$
在 $x > 1$ 时,x, n, r 无正整数解.

证 如(1)有正整数解 x, n, r,由(1)可得
$$x^{2n+1} \pm 1 = (x \pm 1)(x^{2n} \mp x^{2n-1} + \cdots \mp x + 1) = 2^r \tag{2}$$

在 $x > 1$ 时,易证 $x^{2n} \mp x^{2n-1} + \cdots \mp x + 1$ 大于 1 且为奇数,故存在奇因数 p,满足
$$p \mid x^{2n} \mp x^{2n-1} + \cdots \mp x + 1$$

而(2)的右端为 2^r,于是(2)不能成立.

14. 证明不定方程
$$x^3 + y^3 + z^3 = x + y + z = 3 \tag{1}$$
仅有四组整数解 $(x, y, z) = (1, 1, 1), (-5, 4, 4), (4, -5, 4), (4, 4, -5)$.

证 (1)可写为
$$\begin{cases} x^3 + y^3 + z^3 = 3 & (2) \\ z = 3 - (x + y) & (3) \end{cases}$$

把(3)代入(2)可得
$$8 - 9x - 9y + 3x^2 + 6xy + 3y^2 - x^2y - xy^2 = 0$$

上式可因式分解为
$$8 - 3x(3 - x) - 3y(3 - x) + xy(3 - x) + y^2(3 - x) = 0$$

故对该方程的解 x 必有
$$3 - x \mid 8$$

故 $3 - x$ 只可能为 $\pm 1, \pm 2, \pm 4, \pm 8$,即 x 可能为 $-5, -1, 1, 2, 4, 5, 7, 11$,设

$x = -5$,代入(2)和(3)可得
$$y^3 + z^3 = 128, \quad y + z = 8 \tag{4}$$
由(4)可解出(1)的一组解$(-5,4,4)$,用同样的方法,设$x = -1,1,2,4,5,7,11$,可得(1)的另三组解$(1,1,1),(4,-5,4),(4,4,-5)$.

15. 证明:对于$\leqslant 2n$的任意$n+1$个正整数中,至少有一个被另一个所整除.

  证 设
$$1 \leqslant a_1 < a_2 < \cdots < a_{n+1} \leqslant 2n$$
写
$$a_i = 2^{\lambda_i} b_i, \quad \lambda_i \geqslant 0, \quad 2 \nmid b_i, \quad i = 1, 2, \cdots, n+1$$
其中$b_i < 2n$,因为在$1,2,\cdots,2n$中只有n个不同的奇数$1,3,\cdots,2n-1$,故在$b_1, b_2, \cdots, b_{n+1}$中至少有两个相同,设
$$b_i = b_j, \quad 1 \leqslant i < j \leqslant n+1$$
于是在$a_i = 2^{\lambda_i} b_i$和$a_j = 2^{\lambda_j} b_j$中,由$a_i < a_j$知$\lambda_i < \lambda_j$,故
$$a_i \mid a_j$$

16. 设n个整数
$$1 \leqslant a_1 < a_2 < \cdots < a_n \leqslant 2n$$
中任意两个整数a_i, a_j的最小公倍数$[a_i, a_j] > 2n$,则$a_1 > \left[\dfrac{2n}{3}\right]$.

  证 用反证法. 如果$a_1 \leqslant \left[\dfrac{2n}{3}\right] \leqslant \dfrac{2n}{3}$,则$3a_1 \leqslant 2n$. 由上题,在$\leqslant 2n$的$n+1$个数
$$2a_1, 3a_1, a_2, \cdots, a_n$$
中,如果$2a_1, 3a_1$不与$a_2, \cdots, a_n$中的任一个相等,则至少有一个数除尽另一个,由于$2a_1 \nmid 3a_1, 3a_1 \nmid 2a_1$,故可设
$$2a_1 \mid a_j, \quad 2 \leqslant j \leqslant n \tag{1}$$
或
$$3a_1 \mid a_j, \quad 2 \leqslant j \leqslant n \tag{2}$$
或
$$a_j \mid 2a_1, \quad 2 \leqslant j \leqslant n \tag{3}$$
或
$$a_j \mid 3a_1, \quad 2 \leqslant j \leqslant n \tag{4}$$
或

$$a_i \mid a_j, \quad 2 \leq i < j \leq n \tag{5}$$

若 $2a_1$ 或 $3a_1$ 和某一 a_j 相等，则可归为(1)或(2).

由(1)得 $[a_1, a_j] \leq [2a_1, a_j] = a_j \leq 2n$，由(2)得 $[a_1, a_j] \leq [3a_1, a_j] = a_j \leq 2n$，由(3)得 $[a_1, a_j] \leq [2a_1, a_j] = 2a_1 \leq 2n$，由(4)得 $[a_1, a_j] \leq [3a_1, a_j] = 3a_1 \leq 2n$，由(5)得 $[a_i, a_j] = a_j \leq 2n$，都与 $[a_i, a_j] > 2n$ 矛盾，故 $a_1 > \left[\dfrac{2n}{3}\right]$.

17. 设 k 个整数
$$1 \leq a_1 < a_2 < \cdots < a_k \leq n$$
中，任意两个数 a_i, a_j 的最小公倍数 $[a_i, a_j] > n$，则
$$\sum_{i=1}^{k} \frac{1}{a_i} < \frac{3}{2}$$

证 首先证明
$$k \leq \left[\frac{n+1}{2}\right] \tag{1}$$

如果(1)不成立，则 $k > \left[\dfrac{n+1}{2}\right]$，在 $n = 2t$ 时，$k > \left[\dfrac{n+1}{2}\right] = \left[\dfrac{2t+1}{2}\right] = t$，用15题的结果知，存在某一对 $i, j, 1 \leq i < j \leq k$，有 $a_i \mid a_j$，而 $[a_i, a_j] = a_j \leq n$，与题设 $[a_i, a_j] > n$ 不合. 如果 $n = 2t + 1$ 时，$k > \left[\dfrac{n+1}{2}\right] = \left[\dfrac{2t+2}{2}\right] = t + 1$，因为 $1, 2, \cdots, n = 2t + 1$ 中只有 $t + 1$ 个奇数，因而其中的 k 个数 $a_1, a_2, \cdots, a_k$ 中仍有某一对 $i, j, 1 \leq i < j \leq k$，使得 $a_i \mid a_j$，这就证明了式(1)成立.

另一方面，在下列全部数中：
$$\left.\begin{array}{l} ba_1, \ (b = 1, 2, \cdots, \left[\dfrac{n}{a_1}\right]) \\ ba_2, \ (b = 1, 2, \cdots, \left[\dfrac{n}{a_2}\right]) \\ \quad \vdots \\ ba_k, \ (b = 1, 2, \cdots, \left[\dfrac{n}{a_k}\right]) \end{array}\right\} \tag{2}$$

没有两个相等. 因为如果(2)中的数有两个是相等的，可设
$$b'a_i = b''a_i, \quad 1 \leq b' < b'' \leq \left[\frac{n}{a_i}\right], \quad 1 \leq i \leq k \tag{3}$$
或
$$b'a_i = b''a_j, \quad 1 \leq b' \leq \left[\frac{n}{a_i}\right], \quad 1 \leq b'' \leq \left[\frac{n}{a_j}\right], \quad 1 \leq i < j \leq k \tag{4}$$

显然式(3)不可能成立. 由(4)得
$$[a_i,a_j] \le [a_i,b''a_j] = [a_i,b'a_i] = b'a_i \le n$$
与题设不合,故式(4)也不能成立.

易知 $a_1 \ne 1$,否则 $[a_1,a_2] = [1,a_2] = a_2 \le n$,与题设不合,因此(2)中的数都不是1,而(2)中每个数 $\le n$,且无两个相等,所以(2)中总共有 $\le n-1$ 个数,即得
$$\sum_{i=1}^{k}\left[\frac{n}{a_i}\right] \le n-1$$
于是
$$\sum_{i=1}^{k}\frac{n}{a_i} - k < \sum_{i=1}^{k}\left[\frac{n}{a_i}\right] \le n-1$$
即
$$\sum_{i=1}^{k}\frac{n}{a_i} < n-1+k$$
再由(1)得
$$\sum_{i=1}^{k}\frac{n}{a_i} < n-1+k \le n-1+\left[\frac{n+1}{2}\right] \le n-1+\frac{n+1}{2} =$$
$$\frac{3n-1}{2} < \frac{3n}{2}$$
故
$$\sum_{i=1}^{k}\frac{1}{a_i} < \frac{3}{2}$$

18. 设 $k > \left[\frac{n+1}{2}\right]$,则在 k 个整数 $1 \le a_1 < a_2 < \cdots < a_k \le n$ 中存在 a_i, a_j, $1 \le i < j \le k$ 满足关系式
$$a_i + a_1 = a_j$$

证 $a_1, a_2, \cdots, a_k$ 是 k 个不同的正整数,$a_2-a_1, a_3-a_1, \cdots, a_k-a_1$ 是 $k-1$ 个不同的正整数. 由于 $k \ge \left[\frac{n+1}{2}\right]+1 > \frac{n+1}{2}$,所以 $2k-1 > n$,而 $2k-1$ 个数 $a_1, \cdots, a_k, a_2-a_1, \cdots, a_k-a_1$ 都不超过 n,所以存在 $1 \le i < j \le k$ 使得 $a_j - a_1 = a_i$,即 $a_j = a_1 + a_i$.

19. 任给 8 个正整数 $a_1, a_2, \cdots, a_8$ 满足 $a_1 < a_2 < \cdots < a_8 \le 16$,则存在一个整数 k,使得 $a_i - a_j = k$, $1 \le i \ne j \le 8$,至少有三组解.

证 设

$$a_2 - a_1, a_3 - a_2, a_4 - a_3, \cdots, a_8 - a_7 \qquad (1)$$

中每个都 ≥ 1，但没有三个相等，则其中至多只有两个数相等，那么

$$a_8 - a_1 = a_2 - a_1 + a_3 - a_2 + a_4 - a_3 + \cdots + a_8 - a_7 \geq$$
$$1 + 1 + 2 + 2 + 3 + 3 + 4 = 16$$

但是，由于 $a_1 < a_2 < \cdots < a_8 \leq 16$，故 $a_8 - a_1 \leq 15$，这是矛盾的. 于是(1)中至少有3个数相等.

注 存在8个数，例如 $1, 2, 3, 4, 7, 9, 12, 16$，对于任意的整数 $k, a_i - a_j = k$ 至多只有三组解.

20. 设 k 个整数

$$1 < a_1 < a_2 < \cdots < a_k \leq n$$

中，没有一个数能整除其余各数的乘积，则

$$k \leq \pi(n)$$

其中 $\pi(n)$ 表示不超过 n 的素数的个数.

证 题设对每一 $i(1 \leq i \leq k)$ 有

$$a_i \nmid \prod_{\substack{1 \leq j \leq k \\ i \neq j}} a_j$$

对每一 a_i 来说至少有一个素数 $p_i \mid a_i$ 使得 $p_i^{\alpha_i} \| a_i, p_i^{\beta_i} \| \prod_{\substack{1 \leq j \leq k \\ i \neq j}} a_j$ 而且 $\alpha_i > \beta_i \geq 0$.

现在来证明这些 p_i 互不相等，即

$$p_i \neq p_j, \quad 1 \leq i < j \leq k \qquad (1)$$

如果(1)不成立，则其中至少有两个素数相同，譬如说 $p_1 = p_2$，在 $\alpha_1 \geq \alpha_2$ 时有 $\beta_2 \geq \alpha_1$（否则与 $p_2^{\beta_2} \| \prod_{\substack{1 \leq j \leq k \\ j \neq 2}} a_j$ 矛盾），故有 $\beta_2 \geq \alpha_1 \geq \alpha_2$；在 $\alpha_2 \geq \alpha_1$ 时同样有 $\beta_1 \geq \alpha_2 \geq \alpha_1$，都与所设 $\alpha_1 > \beta_1, \alpha_2 > \beta_2$ 不合，这就证明了(1)中的 k 个素数没有两个相同，而 $p_i \leq n, i = 1, 2, \cdots, k$，故 $k \leq \pi(n)$.

21. 设 n 个整数

$$1 < a_1 < a_2 < \cdots < a_n < 2n$$

其中没有一个数能被另一个数整除，则

$$a_1 \geq 2^k$$

这里 k 满足 $3^k < 2n < 3^{k+1}$.

证 如果写

$$a_i = 2^{b_i} c_i, \quad 2 \nmid c_i, \quad b_i \geq 0, \quad i = 1, 2, \cdots, n \qquad (1)$$

则(1)中的 $c_i(i = 1, 2, \cdots, n)$ 不能有两个相同，否则将有 $a_i \mid a_j, 1 \leq i < j \leq n$，

与假设不合. 但 $c_i \leq 2n - 1$, 所以, (1) 中 $c_1, c_2, \cdots, c_n$ 是 $1, 3, \cdots, 2n - 1$ 这 n 个数的某一个排列.

考虑 (1) 中 c_i 为 $1, 3, 3^2, \cdots, 3^k$ 的那些数, 记为
$$2^{\beta_i} 3^i, \quad i = 0, 1, \cdots, k \tag{2}$$
因为其中没有一个数能被另一个数整除, 所以 $\beta_0 > \beta_1 > \beta_2 > \cdots > \beta_{k-1} > \beta_k \geq 0$, 从而 $\beta_i \geq k - i, i = 0, 1, \cdots, k$, 因此对每一 i 都有
$$2^{\beta_i} 3^i \geq 2^{k-i} 3^i \geq 2^{k-i} \cdot 2^i = 2^k$$
如果 a_1 是 (2) 中的一个数, 则定理已经证明. 如果 a_1 不在 (2) 中, 则 $c_1 \geq 5$. 此时可以证明仍有 $a_1 \geq 2^k$. 否则
$$a_1 = 2^{b_1} c_1 < 2^k$$
推出
$$c_1 < 2^{k-b_1}$$
由 $c_1 \geq 5$ 得 $k - b_1 \geq 3$. 因为
$$3^{b_1+1} c_1 < 3^{b_1+1} 2^{k-b_1} < 3^{b_1+1} 3^2 2^{k-b_1-3} \leq 3^k < 2n$$
所以数
$$c_1 3^{\lambda-1}, \quad \lambda = 1, 2, \cdots, b_1 + 2$$
是 $c_1, c_2, \cdots, c_n$ 中的 $b_1 + 2$ 个数, 其对应的 a_i 设为
$$a_{l_\lambda} = c_1 3^{\lambda-1} 2^{t_\lambda}, \quad \lambda = 1, 2, \cdots, b_1 + 2, \quad l_1 = 1, \quad t_1 = b_1 \tag{3}$$
在 $t_2, t_3, \cdots, t_{b_1+2}$ 中如有一个 $\geq b_1 = t_1$, 设为 $t_j, 2 \leq j \leq b_1 + 2$, 则有 $a_1 \mid a_{l_j}$, 与题设不合, 故有 $0 \leq t_\lambda < b_1, \lambda = 2, 3, \cdots, b_1 + 2$. 但是 $t_2, t_3, \cdots, t_{b_1+2}$ 是 $b_1 + 1$ 个数, 故有 λ, μ 存在, $2 \leq \lambda < \mu \leq b_1 + 2$ 使得 $t_\lambda = t_\mu$, 此时仍有 $a_{l_\lambda} \mid a_{l_\mu}$, 与题设不合, 这就证明了我们的结论.

22. 证明: $504 \mid n^9 - n^3$, 其中 n 是整数.

证 由于 $504 = 7 \cdot 8 \cdot 9$.

当 $n \equiv 0, \pm 1, \pm 2, \pm 3 \pmod 7$ 时, 则有
$$n^3 \equiv 0, \pm 1 \pmod 7, \quad n^9 \equiv 0, \pm 1 \pmod 7$$
故
$$n^9 - n^3 \equiv 0 \pmod 7 \tag{1}$$
当 $n \equiv 0, \pm 1, \pm 2, \pm 3, 4 \pmod 8$ 时, 有
$$n^3 \equiv 0, \pm 1, \pm 3 \pmod 8, \quad n^9 \equiv 0, \pm 1, \pm 3 \pmod 8$$
故
$$n^9 - n^3 \equiv 0 \pmod 8 \tag{2}$$
当 $n \equiv 0, \pm 1, \pm 2, \pm 3, \pm 4 \pmod 9$ 时
$$n^3 \equiv 0, \pm 1 \pmod 9, \quad n^9 \equiv 0, \pm 1 \pmod 9$$

故
$$n^9 - n^3 \equiv 0 \pmod{9} \tag{3}$$
由(1),(2),(3)和(7,8) = (7,9) = (8,9) = 1得出
$$504 \mid n^9 - n^3$$

23. 设 $a > 0, b > 2$,则
$$2^b - 1 \nmid 2^a + 1$$

证 由 $b > 2$,则有 $2^{b-1}(2-1) > 2$,即
$$2^{b-1} + 1 < 2^b - 1$$
因此,如果 $a < b$,得出
$$2^a + 1 \leqslant 2^{b-1} + 1 < 2^b - 1$$
此时
$$2^b - 1 \nmid 2^a + 1$$
如果 $a = b$,由
$$2^a + 1 = 2^b - 1 + 2$$
由 $2^b - 1 \nmid 2$,仍得
$$2^b - 1 \nmid 2^a + 1$$
最后,设 $a > b$ 且 $a = bq + r, 0 \leqslant r < b$,则有
$$\frac{2^a + 1}{2^b - 1} = \frac{2^a - 2^{a-bq}}{2^b - 1} + \frac{2^r + 1}{2^b - 1} \tag{1}$$
其中 $2^a - 2^{a-bq} = 2^{a-bq}(2^{bq} - 1)$,故 $2^b - 1 \mid 2^a - 2^{a-bq}$,而因为 $r < b$ 故 $2^b - 1 \nmid 2^r + 1$,因此由式(1)得出
$$2^b - 1 \nmid 2^a + 1$$
这就证明了我们的结论.

24. 证明不定方程
$$3 \cdot 2^x + 1 = y^2 \tag{1}$$
仅有正整数解 $(x, y) = (3, 5), (4, 7)$.

证 $x = 1$ 和 2 时,(1)都没有正整数解,可设 $x > 2$,而 $2 \nmid y, 3 \nmid y$,且 $y \neq 1$,因此 $y = 6k \pm 1, k > 0$,代入(1)得
$$3 \cdot 2^x + 1 = (6k \pm 1)^2 = 36k^2 \pm 12k + 1$$
即
$$2^{x-2} = 3k^2 \pm k = k(3k \pm 1) \tag{2}$$
$k = 1$ 时,得出
$$(x, y) = (3, 5), (4, 7)$$

而当 $k > 1$ 时,(2) 的右端有一个大于 1 的奇因数,而(2) 的左端不可能有大于 1 的奇因数,这就证明了我们的结论.

25. 证明不定方程
$$x^n + 1 = y^{n+1} \tag{1}$$
没有正整数解 $x, y, n, (x, n+1) = 1, n > 1$.

证 先设 $y > 2, y - 1$ 有素因子 p,因 $(y-1) \mid (y^{n+1} - 1)$,故由(1)得 $p \mid x$,而 $(x, n+1) = 1$,故 $(p, n+1) = 1$,由(1)得
$$x^n = (y-1)(y^n + y^{n-1} + \cdots + y + 1) \tag{2}$$
由
$$y \equiv 1 \pmod{y-1}$$
推得
$$y^n + y^{n-1} + \cdots + y + 1 \equiv n + 1 \pmod{y-1}$$
进而推得 $p \nmid y^n + y^{n-1} + \cdots + y + 1$. 由于 p 是 $y-1$ 的任设的一个素因子,故 $(y^n + y^{n-1} + \cdots + y + 1, y - 1) = 1$. 由(2)得
$$y^n + y^{n-1} + \cdots + y + 1 = u^n, \quad u \mid x, u > 0 \tag{3}$$
但由于 $n > 1$ 时
$$y^n < 1 + y + \cdots + y^n < (y+1)^n$$
故(3)不能成立.

当 $y = 1$ 时,(1) 没有正整数解;$y = 2$ 时,(1) 给出
$$x^n = 2^{n+1} - 1 = 2^n + 2^{n-1} + \cdots + 2 + 1 \tag{4}$$
而
$$2^n < 2^n + \cdots + 2 + 1 < 3^n$$
故(4)不能成立.

26. 求出不定方程
$$x^3 + y^3 + z^3 - 3xyz = 0 \tag{1}$$
的全部整数解.

证 设 (x_1, y_1, z_1) 是(1) 的一组整数解,则由(1) 得
$$\begin{aligned}
x_1^3 + y_1^3 + z_1^3 - 3x_1 y_1 z_1 &= (x_1 + y_1 + z_1)(x_1^2 + y_1^2 + z_1^2) - \\
&\quad x_1 y_1^2 - x_1 z_1^2 - y_1 x_1^2 - y_1 z_1^2 - z_1 x_1^2 - z_1 y_1^2 - 3x_1 y_1 z_1 = \\
&\quad (x_1 + y_1 + z_1)(x_1^2 + y_1^2 + z_1^2) - \\
&\quad (x_1 + y_1 + z_1)(x_1 y_1 + x_1 z_1 + y_1 z_1) = \\
&\quad (x_1 + y_1 + z_1)(x_1^2 + y_1^2 + z_1^2 - x_1 y_1 - x_1 z_1 - y_1 z_1) = 0
\end{aligned}$$
故得

$$x_1 + y_1 + z_1 = 0 \tag{2}$$

或
$$x_1^2 + y_1^2 + z_1^2 - x_1 y_1 - x_1 z_1 - y_1 z_1 = 0 \tag{3}$$

由式(3)得
$$(x_1 - y_1)^2 + (x_1 - z_1)^2 + (y_1 - z_1)^2 = 0 \tag{4}$$

即
$$x_1 = y_1 = z_1$$

反之,设
$$x = y = z = u \tag{5}$$

或
$$x = v, \quad y = w, \quad z = -v - w \tag{6}$$

或
$$x = v, \quad y = -v - w, \quad z = w \tag{7}$$

或
$$x = -v - w, \quad y = v, \quad z = w \tag{8}$$

则任给整数 u,v,w 都得出(1)的整数解 (x,y,z),故(5),(6),(7),(8)给出了(1)的全部整数解.

27. 设 $n_i > 0, i = 1,2,\cdots,k$,取 $d_1 = 1, d_i = \dfrac{(n_1,n_2,\cdots,n_{i-1})}{(n_1,n_2,\cdots,n_{i-1},n_i)}, 2 \leqslant i \leqslant k$,则 $d_1 \cdot d_2 \cdot \cdots \cdot d_k$ 个和

$$\sum_{i=1}^{k} a_i n_i, \quad a_i = 1,2,\cdots,d_i, \quad i = 1,2,\cdots,k \tag{1}$$

模 n_1 全不同余.

证 用反证法. 如果结论不成立,则(1)中两个和模 n_1 同余,可设

$$\sum_{i=1}^{k} b_i n_i - \sum_{i=1}^{k} c_i n_i = n_1 u \tag{2}$$

其中 $1 \leqslant b_i, c_i \leqslant d_i, i = 1,2,\cdots,k$,由于是不同的两个和,可设 $c_s \neq b_s, c_j = b_j, j = s+1,\cdots,k, n_s = t(n_1,n_2,\cdots,n_s)$,于是由(2)可得

$$\sum_{i=1}^{s-1} \frac{(b_i - c_i)n_i}{(n_1,n_2,\cdots,n_s)} + (b_s - c_s)t = \frac{n_1}{(n_1,n_2,\cdots,n_s)} u \tag{3}$$

由 $\dfrac{n_i}{(n_1,n_2,\cdots,n_s)d_s} = \dfrac{n_i}{(n_1,n_2,\cdots,n_s)} \cdot \dfrac{(n_1,n_2,\cdots,n_s)}{(n_1,n_2,\cdots,n_{s-1})} = \dfrac{n_i}{(n_1,n_2,\cdots,n_{s-1})}$,所以 $i = 1,2,\cdots,s-1$ 时,$d_s \left| \dfrac{n_i}{(n_1,n_2,\cdots,n_s)} \right.$,式(3)两端取模 d_s 得

$$(b_s - c_s)t \equiv 0 \pmod{d_s} \tag{4}$$

由于 $((n_1,n_2,\cdots,n_{s-1}),n_s) = (n_1,n_2,\cdots,n_{s-1},n_s)$，$\dfrac{(n_1,n_2,\cdots,n_{s-1})}{(n_1,n_2,\cdots,n_s)} = d_s$，

$\dfrac{n_s}{(n_1,n_2,\cdots,n_s)} = t$，故 $(t,d_s) = 1$，式 (4) 推出

$$d_s \mid b_s - c_s$$

这与 $0 < \mid b_s - c_s \mid < d_s$ 矛盾. 这就证明了 (1) 中的和模 n_1 全不同余.

28. 证明不定方程

$$(n-1)! = n^k - 1 \tag{1}$$

仅有正整数解 $(n,k) = (2,1),(3,1),(5,2)$.

证 $n = 2$ 时，由 (1) 得解 $(2,1)$.

$n > 2$ 时，式 (1) 推出 n 应是奇数. 当 $n = 3,5$ 时，由 (1) 可得出解 $(3,1),(5,2)$.

现设 $n > 5$ 且 n 是奇数，故 $\dfrac{n-1}{2}$ 是整数且小于 $n-3$. 所以推出

$$n-1 \mid (n-2)!$$

再由 (1) 可得

$$n^k - 1 \equiv (n-1) \cdot (n-2)! \equiv 0 \pmod{(n-1)^2} \tag{2}$$

因为

$$n^k - 1 = ((n-1)+1)^k - 1 =$$
$$(n-1)^k + \binom{k}{1}(n-1)^{k-1} + \cdots +$$
$$\binom{k}{k-2}(n-1)^2 + k \cdot (n-1) \tag{3}$$

由式 (2)、式 (3) 得出

$$k(n-1) \equiv 0 \pmod{(n-1)^2}$$

故得

$$n-1 \mid k$$

于是 $k \geq n-1$，故

$$n^k - 1 \geq n^{n-1} - 1 > (n-1)!$$

这就证明了在 $n > 5$ 时，(1) 没有正整数解 (n,k).

注 此题推出 $p > 5$ 是素数时，$(p-1)! + 1$ 至少有两个不同的素因数.

29. 分子为 1 分母为正整数的分数称为单位分数. 设 $m > 0, n > 0$，证明 $\dfrac{m}{n}$ 能表成两个单位分数的和的充分必要条件是存在 $a > 0, b > 0$ 满足 $a \mid n, b \mid n$，$m \mid a + b$.

证 设 $a\mid n, b\mid n, m\mid a+b$,可设 $a+b=mk, n=a\alpha, n=b\beta$,这里 k,α,β 是正整数,于是有

$$\frac{km}{n}=\frac{a+b}{n}=\frac{a}{a\alpha}+\frac{b}{b\beta}=\frac{1}{\alpha}+\frac{1}{\beta}$$

故

$$\frac{m}{n}=\frac{1}{\alpha k}+\frac{1}{\beta k}$$

反过来,如果

$$\frac{m}{n}=\frac{1}{x}+\frac{1}{y}=\frac{x+y}{xy}, \quad x>0, y>0 \tag{1}$$

设 $(x,y)=d, (m,n)=\delta$,则有 $x=dx_1, y=dy_1, (x_1,y_1)=1, m=\delta m_1, n=\delta n_1, (m_1, n_1)=1$,代入(1)得

$$\frac{m_1}{n_1}=\frac{x_1+y_1}{dx_1y_1}$$

故

$$m_1 d x_1 y_1 = n_1(x_1+y_1) \tag{2}$$

由于 $(x_1,y_1)=1$,故 $(x_1y_1,x_1+y_1)=1$ 并由(2)得

$$x_1 y_1 \mid n_1, \quad m_1 \mid x_1+y_1 \tag{3}$$

取 $a=\delta x_1, b=\delta y_1$,由(3)得

$$\delta x_1 y_1 \mid n_1\delta, \quad \delta m_1 \mid \delta x_1+\delta y_1$$

即得 $a\mid n, b\mid n, m\mid a+b$.

30. 设 $m>1$,证明 $\dfrac{1}{m}$ 是级数 $\sum_{j=1}^{\infty}\dfrac{1}{j(j+1)}$ 的有限个连续项的和.

证 由于

$$\frac{1}{j(j+1)}=\frac{1}{j}-\frac{1}{j+1}$$

故

$$\sum_{j=a}^{b-1}\frac{1}{j(j+1)}=\frac{1}{a}-\frac{1}{b}, \quad a<b$$

设 $a=m-1, b=m(m-1)$,有

$$\frac{1}{a}-\frac{1}{b}=\frac{1}{m-1}-\frac{1}{m(m-1)}=\frac{1}{m}$$

故

$$\frac{1}{m}=\sum_{j=m-1}^{m^2-m-1}\frac{1}{j(j+1)}$$

31. 设 $k \geq 2$, k 个正整数组成的集 $S = \{a_1, a_2, \cdots, a_k\}$ 具有性质 $\sum_{i=1}^{k} a_i = \prod_{i=1}^{k} a_i$, 又 $a_1 \leq a_2 \leq \cdots \leq a_k$, 则

$$\sum_{i=1}^{k} a_i \leq 2k \tag{1}$$

证 设 $b_i = a_i - 1$, 则

$$k + \sum_{i=1}^{k} b_i = \sum_{i=1}^{k} a_i = \prod_{i=1}^{k} a_i = \prod_{i=1}^{k} (b_i + 1) =$$
$$1 + \sum_{i=1}^{k} b_i + b_k \sum_{i=1}^{k-1} b_i + \cdots \geq 1 + \sum_{i=1}^{k} b_i + b_k \sum_{i=1}^{k-1} b_i$$

由上式得

$$k \geq 1 + b_k \sum_{i=1}^{k-1} b_i \tag{2}$$

由于 $k \geq 2$, $a_k \geq a_{k-1} \geq 2$ (因为若 $a_{k-1} = 1$, 则 $a_1 = a_2 = \cdots = a_{k-1} = 1$, 从而 $\prod_{i=1}^{k} a_i = a_k < \sum_{i=1}^{k} a_i$), 故 $b_k \geq b_{k-1} \geq 1$

$$(b_k - 1)(b_{k-1} - 1) = b_k b_{k-1} - b_k - b_{k-1} + 1 \geq 0$$

即

$$b_k b_{k-1} + 1 \geq b_k + b_{k-1} \tag{3}$$

由(2) 和(3) 推出

$$k \geq 1 + b_k b_{k-1} + b_k b_{k-2} + \cdots + b_k b_1 \geq$$
$$b_k + b_{k-1} + b_{k-2} + \cdots + b_1 = \sum_{i=1}^{k} b_i$$

因此

$$\sum_{i=1}^{k} a_i = k + \sum_{i=1}^{k} b_i \leq 2k$$

注 (1) 中等号可以达到. 例如取 $a_1 = a_2 = \cdots = a_{k-2} = 1$, $a_{k-1} = 2$, $a_k = k$, S 满足题目的性质, 且 $\sum_{i=1}^{k} a_i = 2k$.

32. 设 p_n 表示第 n 个素数, 则

$$p_n < 2^{2^n} \tag{1}$$

证 $p_1 = 2 < 4$, 设 $p_i < 2^{2^i}$, $i = 1, 2, \cdots, k$, 我们来证明

$$p_{k+1} < 2^{2^{k+1}} \tag{2}$$

令 $N = p_1 p_2 \cdots p_k + 1$, 则

$$N = p_1p_2\cdots p_k + 1 \leq 2^{2+2^2+\cdots+2^k} = 2^{2^{k+1}-2} < 2^{2^{k+1}}$$

设 p 是 N 的一个素因子,则 $p \neq p_i, i = 1,2,\cdots,k$,故有

$$p_{k+1} \leq p \leq N < 2^{2^{k+1}}$$

这就证明了(1).

33. 设 $p > 1$ 是一个素数,若当 $x = 0,1,\cdots,p-1$ 时

$$x^2 - x + p$$

都为素数,则仅有一组整数解 a,b,c 满足

$$b^2 - 4ac = 1 - 4p, \quad 0 < a \leq c, \quad -a \leq b < a \tag{1}$$

证 $a = 1, b = -1, c = p$ 就是满足(1)的一组解. 现在来证明这是唯一的一组解.

如果 a,b,c 满足(1),则因 $b^2 \equiv 1 \pmod 4$,所以 b 是奇数,设 $|b| = 2l - 1$, 有 $0 < l = \dfrac{|b|+1}{2}$,又因 $|b| \leq a \leq c, b^2 - 4ac = 1 - 4p, p \geq 2$,故

$$3a^2 = 4a^2 - a^2 \leq 4ac - b^2 = 4p - 1$$

所以

$$|b| \leq a \leq \sqrt{\dfrac{4p-1}{3}} \tag{2}$$

由式(2)得

$$l = \dfrac{|b|+1}{2} \leq \dfrac{1}{2}\sqrt{\dfrac{4p-1}{3}} + \dfrac{1}{2} < \sqrt{\dfrac{p}{3}} + \dfrac{1}{2} < p$$

将 $|b| = 2l - 1$ 代入(1)得

$$(2l-1)^2 - 4ac = 1 - 4p$$

即得

$$l^2 - l + p = ac \tag{3}$$

由于 $0 < l < p$,所以据已知条件 ac 是素数,故 $a = 1$. 由于 $-1 \leq b < 1$,故 $b = -1$,由于 $1 - 4p = 1 - 4c$,故 $c = p$.

34. 证明不定方程

$$y^2 = 1 + x + x^2 + x^3 + x^4 \tag{1}$$

的全部整数解是 $x = -1, y = \pm 1; x = 0, y = \pm 1; x = 3, y = \pm 11$.

证 由(1)整理可得

$$\left(x^2 + \dfrac{x}{2} + \dfrac{\sqrt{5}-1}{4}\right)^2 = y^2 - \dfrac{(5-2\sqrt{5})}{4}\left(x + \dfrac{3+\sqrt{5}}{2}\right)^2 \tag{2}$$

和

$$\left(x^2 + \frac{x}{2} + 1\right)^2 = y^2 + \frac{5x^2}{4} \tag{3}$$

由于 x 是整数,故 $x^2 + \frac{x}{2} + \frac{\sqrt{5}-1}{4}$ 和 $x^2 + \frac{x}{2} + 1$ 是正数,于是(2) 和(3) 给出

$$x^2 + \frac{x}{2} + \frac{\sqrt{5}-1}{4} \leqslant |y| \leqslant x^2 + \frac{x}{2} + 1$$

可设

$$|y| = x^2 + \frac{x+a}{2}, \quad 0 < a \leqslant 2$$

因为 x,y 是整数,在 $2 \mid x$ 时 $a = 2$,将 $|y| = x^2 + \frac{x}{2} + 1$ 代入(3) 得 $x = 0$,即得 $x = 0, y = \pm 1$;在 $2 \nmid x$ 时 $a = 1$,把(3) 化为

$$y^2 = \left(x^2 + \frac{x+1}{2}\right)^2 - \frac{(x-3)(x+1)}{4}$$

将 $|y| = x^2 + \frac{x+1}{2}$ 代入上式得 $x = 3$ 或 $x = -1$,即得解 $x = -1, y = \pm 1; x = 3, y = \pm 11$.

35. 设 $n > 0$,则存在唯一的一对 k 和 l,使得

$$n = \frac{k(k-1)}{2} + l, \quad 0 \leqslant l < k$$

证 存在 $k > 0$ 使

$$\frac{k(k-1)}{2} \leqslant n < \frac{(k+1)k}{2}$$

而 $\frac{(k+1)k}{2} - \frac{k(k-1)}{2} = k$,故可设为

$$n = \frac{k(k-1)}{2} + l, \quad 0 \leqslant l < k$$

如果还有 k_1, l_1 使

$$n = \frac{k_1(k_1-1)}{2} + l_1, \quad 0 \leqslant l_1 < k_1$$

不妨设 $k > k_1$,故得

$$\frac{k(k-1)}{2} - \frac{k_1(k_1-1)}{2} = l_1 - l \tag{2}$$

式(2) 的右端 $l_1 - l < k_1$,而因 $k \geqslant k_1 + 1$,故式(2) 左端

$$\frac{k(k-1)}{2} - \frac{k_1(k_1-1)}{2} \geqslant \frac{k_1(k_1+1)}{2} - \frac{k_1(k_1-1)}{2} = k_1$$

这是一个矛盾结果,故得 $k = k_1$. 从而 $l = l_1$,这就证明了存在唯一的一对 k 和 l 满足式(1).

36. 设 $n > 0$,求 $\binom{2n}{1}, \binom{2n}{3}, \cdots, \binom{2n}{2n-1}$ 的最大公因数.

证 设它们的最大公因数为 d,因为

$$\binom{2n}{0} + \binom{2n}{1} + \binom{2n}{2} + \cdots + \binom{2n}{2n} = 2^{2n}$$

$$\binom{2n}{0} - \binom{2n}{1} + \binom{2n}{2} - \cdots + \binom{2n}{2n} = 0$$

所以

$$\binom{2n}{1} + \binom{2n}{3} + \cdots + \binom{2n}{2n-1} = 2^{2n-1}$$

故 $d \mid 2^{2n-1}$,可设 $d = 2^\lambda, \lambda \geq 0$. 又设 $2^k \parallel n$,我们来证明 $d = 2^{k+1}$,由于

$$2^{k+1} \parallel \binom{2n}{1}$$

所以只须证明

$$2^{k+1} \mid \binom{2n}{j}, \quad j = 3, 5, \cdots, 2n-1 \tag{1}$$

设 $n = 2^k l, 2 \nmid l$,由

$$\binom{2n}{j} = \binom{2^{k+1}l}{j} = \frac{2^{k+1}l}{j} \cdot \binom{2^{k+1}l - 1}{j - 1}, \quad j = 3, 5, \cdots, 2n-1$$

即

$$j\binom{2n}{j} = 2^{k+1}l\binom{2^{k+1}l - 1}{j - 1}, \quad j = 3, 5, \cdots, 2n-1$$

因为 j 是奇数即 $2 \nmid j$,故式(1) 成立,这就证明了 $d = 2^{k+1}$.

37. 平面上点的坐标为整数的点,称为整点(或格点),如果有三个不同的整点 (x, y) 适合 $p \mid xy - t$ (这里 p 是一个素数, $p \nmid t$),且在一直线上,则在该三点中至少有两个点,其纵横坐标的差,分别被 p 整除.

证 可设三个整点 $(x_1, y_1), (x_2, y_2), (x_3, y_3)$ 所满足的直线方程为 $ax + by = c$. a, b, c 是整数,且可设 $(a, b) = 1$. 不失一般性,设 $p \nmid a$,由 $p \mid x_i y_i - t$ 和 $p \nmid t$ 知 $p \nmid x_i, i = 1, 2, 3$. 从 $ax_i + by_i = c$ 知

$$ax_i + by_i \equiv c \pmod{p}$$

并推出

$$ax_i^2 + bx_iy_i \equiv cx_i \pmod{p}, \quad i = 1,2,3$$

即
$$ax_i^2 - cx_i + bt \equiv 0 \pmod{p}, \quad i = 1,2,3 \tag{1}$$

如果 $p = 2$,则 x_1, x_2, x_3 中至少有两个设为 x_1, x_2 满足 $x_1 \equiv x_2 \pmod{p}$;如果 $p > 2$,则由 67 页 §10 知(1)最少有两个解模 p,不失一般性,仍可设 $x_1 \equiv x_2 \pmod{p}$. 因为 $(x_1y_1 - t) - (x_2y_2 - t) \equiv 0 \pmod{p}$,故 $x_1y_1 \equiv x_2y_2 \pmod{p}$,又由 $p \nmid x_1$,可得 $y_1 \equiv y_2 \pmod{p}$,这就证明了我们的结论.

38. 证明平面上一个正三角形的三个顶点,不可能都是整点.

证 设平面上三个点 $A(x_1, y_1), B(x_2, y_2), C(x_3, y_3)$ 组成一个正三角形,则至少存在两个边,设为 AB 和 AC,与 x 轴的交角 α 与 β 满足 $\beta - \alpha$ 等于 AB 与 AC 的交角,即

$$\beta - \alpha = \frac{\pi}{3} \tag{1}$$

如果 $x_1, y_1, x_2, y_2, x_3, y_3$ 都是整数且 α, β 都不是直角,则 AB 和 AC 的斜率 $\tan\alpha$ 和 $\tan\beta$ 都是有理数,故

$$\tan(\beta - \alpha) = \frac{\tan\beta - \tan\alpha}{1 + \tan\beta\tan\alpha}$$

是一个有理数,而(1)给出

$$\tan(\beta - \alpha) = \tan\frac{\pi}{3} = \sqrt{3}$$

这导致一个矛盾结果;因为 α, β 不可能都是直角,当 α 或 β 是直角时,由(1)可得

$$\beta = \frac{5}{6}\pi \quad \text{或} \quad \alpha = \frac{\pi}{6}$$

此时,$\tan\beta = -\frac{\sqrt{3}}{3}$ 或 $\tan\alpha = \frac{\sqrt{3}}{3}$,因此,$x_1, y_1, x_2, y_2, x_3, y_3$ 仍然不可能都是整数.

39. 平面上整点 (x, y) 中如果 x, y 是互素的,则这样的整点叫既约的. 证明:任给 $n > 0$,存在一个整点,它与每一个既约整点的距离大于 n.

证 设 $-n \leq i, j \leq n$,则 $p_{i,j}$ 表示 $(2n+1)^2$ 个不同的素数,由孙子定理(69 页 §14),存在整数 a 满足一组 $(2n+1)^2$ 个同余式

$$a \equiv i \pmod{p_{i,j}}, \quad -n \leq i,j \leq n \tag{1}$$

和整数 b 满足一组 $(2n+1)^2$ 个同余式

$$b \equiv j \pmod{p_{i,j}}, \quad -n \leq i,j \leq n \tag{2}$$

下面我们就来验证整点 (a, b) 满足所需的性质.

任一整点(x,y)与(a,b)的距离设为d,如果$d \leq n$,则
$$d = \sqrt{(a-x)^2 + (b-y)^2} \leq n$$
即
$$(a-x)^2 + (b-y)^2 \leq n^2$$
由此推出$|a-x| \leq n, |b-y| \leq n$,不妨设
$$a-x = i, \quad b-y = j, \quad -n \leq i,j \leq n$$
即
$$x = a-i, \quad y = b-j, \quad -n \leq i,j \leq n$$
由(1)和(2)知
$$p_{i,j} \mid a-i = x, \quad p_{i,j} \mid b-j = y$$
因此(x,y)非既约整点,这就证明了每一个既约整点与点(a,b)的距离大于n.

注 在空间中,以上结论也是对的.也就是说,任给$n > 0$,存在一个球心为整点、半径为n的球,使得球内(包括球面)没有既约整点.

40. 在平面上,如果一个圆的圆心(x,y)的坐标x,y中至少有一个是无理数,则圆上至多有两个点,其坐标都是有理数.

证 设此圆的方程为
$$x^2 + y^2 + Ax + By + C = 0 \tag{1}$$
如果圆上有三个点$A_1(x_1,y_1), A_2(x_2,y_2), A_3(x_3,y_3), x_i, y_i (i=1,2,3)$都是有理数,代入(1)得
$$\begin{cases} Ax_1 + By_1 + C + x_1^2 + y_1^2 = 0 \\ Ax_2 + By_2 + C + x_2^2 + y_2^2 = 0 \\ Ax_3 + By_3 + C + x_3^2 + y_3^2 = 0 \end{cases} \tag{2}$$
因为圆上任意三不同点不共线,所以行列式
$$\begin{vmatrix} x_1 & y_1 & 1 \\ x_2 & y_2 & 1 \\ x_3 & y_3 & 1 \end{vmatrix} \neq 0$$
故关于A,B,C的线性方程组(2)有唯一解,且解A,B,C都是有理数,但是(1)的圆心坐标是$(-\frac{A}{2}, -\frac{B}{2})$,与题设矛盾.

41. 如果p是一个奇素数,证明
$$1^2 \cdot 3^2 \cdot \cdots \cdot (p-2)^2 \equiv (-1)^{\frac{p+1}{2}} \pmod{p}$$
$$2^2 \cdot 4^2 \cdot \cdots \cdot (p-1)^2 \equiv (-1)^{\frac{p+1}{2}} \pmod{p}$$

证 由 67 页 §10 知
$$(p-1)! \equiv -1 \pmod{p} \tag{1}$$
另外
$$i \equiv -(p-i) \pmod{p} \tag{2}$$
当 i 取 $2,4,\cdots,p-1$ 时,由(2) 和(1) 得
$$1^2 \cdot 3^2 \cdot \cdots \cdot (p-2)^2 \equiv (-1)^{\frac{p-1}{2}}(p-1)! \equiv$$
$$(-1)^{\frac{p+1}{2}} \pmod{p}$$
当 i 取 $1,3,\cdots,p-2$ 时,由(2) 和(1) 得
$$2^2 \cdot 4^2 \cdot \cdots \cdot (p-1)^2 \equiv (-1)^{\frac{p-1}{2}}(p-1)! \equiv$$
$$(-1)^{\frac{p+1}{2}} \pmod{p}$$

42. 设 p 是一个素数,证明

1) $\binom{n}{p} \equiv \left[\frac{n}{p}\right] \pmod{p}$;

2) 如果 $p^s \mid \left[\frac{n}{p}\right]$,则 $p^s \mid \binom{n}{p}$.

证 1) p 个连续数 $n, n-1, \cdots, n-p+1$ 构成模 p 的一个完全剩余系(66 页 §6),所以其中有一个也只有一个数,不妨设为 $n-i$ 使 $p \mid n-i, 0 \leq i \leq p-1$,即得 $\frac{n}{p} = \frac{n-i}{p} + \frac{i}{p}$,从而有
$$\left[\frac{n}{p}\right] = \frac{n-i}{p} \tag{1}$$
设 $M = \frac{n(n-1)\cdots(n-p+1)}{n-i}$,则易证
$$M \equiv (p-1)! \pmod{p} \tag{2}$$
由(1) 得
$$M\left[\frac{n}{p}\right] = \frac{(n-i)M}{p} = (p-1)! \binom{n}{p} \tag{3}$$
于是有
$$(p-1)!\left[\frac{n}{p}\right] \equiv M\left[\frac{n}{p}\right] \equiv (p-1)!\binom{n}{p} \pmod{p} \tag{4}$$
因为 $(p,(p-1)!) = 1$,从式(4) 得出
$$\left[\frac{n}{p}\right] \equiv \binom{n}{p} \pmod{p}$$

2) 由式(3)知如果 $p^s \mid \left[\dfrac{n}{p}\right]$,则 $p^s \mid (p-1)!\dbinom{n}{p}$,由于 $(p^s,(p-1)!)=1$,所以

$$p^s \,\Big|\, \binom{n}{p}$$

43. 设 $m > 0$,则有
$$2^{m+1} \,\|\, \left[(1+\sqrt{3})^{2m+1}\right]$$

证 因为 $-1 < (1-\sqrt{3})^{2m+1} < 0$,设 $A_m = (1+\sqrt{3})^{2m+1} + (1-\sqrt{3})^{2m+1}$,则由二项式定理展开易证 A_m 是整数,且有
$$(1+\sqrt{3})^{2m+1} - 1 < A_m < (1+\sqrt{3})^{2m+1}$$
故
$$A_m = \left[(1+\sqrt{3})^{2m+1}\right]$$
而
$$A_m = (1+\sqrt{3})\cdot\left[(1+\sqrt{3})^2\right]^m + (1-\sqrt{3})\cdot\left[(1-\sqrt{3})^2\right]^m =$$
$$(1+\sqrt{3})(4+2\sqrt{3})^m + (1-\sqrt{3})(4-2\sqrt{3})^m =$$
$$2^m((1+\sqrt{3})(2+\sqrt{3})^m + (1-\sqrt{3})(2-\sqrt{3})^m) \qquad (1)$$

再从二项式定理可知
$$(2+\sqrt{3})^m = 2(a+b\sqrt{3}) + (\sqrt{3})^m$$
$$(2-\sqrt{3})^m = 2(a-b\sqrt{3}) + (-\sqrt{3})^m$$

故(1)可写为
$$A_m = 2^m(2(c+d\sqrt{3}) + (1+\sqrt{3})(\sqrt{3})^m +$$
$$2(c-d\sqrt{3}) + (1-\sqrt{3})(-\sqrt{3})^m) =$$
$$2^m(4c + (1+\sqrt{3})(\sqrt{3})^m +$$
$$(1-\sqrt{3})(-\sqrt{3})^m) = 2^m B_m$$

如 $m = 2k$,则
$$B_{2k} = 4c + 2\cdot 3^k \equiv 2 \pmod{4}$$
如 $m = 2k+1$,则
$$B_{2k+1} = 4c + 2\cdot 3^{k+1} \equiv 2 \pmod{4}$$

因此 $B_m \equiv 2 \pmod{4}$,即 $2 \,\|\, B_m$. 这便证明了结论.

44. 设 $a_n > 0, n = 1,2,3,\cdots$ 满足
$$a_{n+1} = 2a_n + 1, \quad n = 1,2,3,\cdots \qquad (1)$$

则 $a_n(n = 1,2,3,\cdots)$ 不可能都是素数.

证 a_i 是偶素数 2 时,则 $a_2 = 5, a_3 = 11, a_4 = 23, a_5 = 47, a_6 = 95$,$a_6$ 就不是素数. 现设 a_1 是奇素数 p,由(1)

$$a_2 = 2a_1 + 1$$
$$a_3 = 2a_2 + 1 = 2(2a_1 + 1) + 1 = 2^2 a_1 + 2^2 - 1$$
$$a_4 = 2a_3 + 1 = 2(2^2 a_1 + 2^2 - 1) + 1 = 2^3 a_1 + 2^3 - 1$$
$$\vdots$$

即可证明
$$a_k = 2^{k-1} a_1 + 2^{k-1} - 1, \quad k > 0$$

取 $k = p$,则
$$a_p = 2^{p-1} p + 2^{p-1} - 1$$

由于 p 是奇素数,由上式得
$$a_p \equiv 0 \pmod{p}$$

而 $a_p > p$,故 a_p 是复合数.

45. 设三个素数 p_1, p_2, p_3 成等差数列,$d > 0$ 是给定的公差,如果 $6 \nmid d$,则这样的等差数列最多只有一组.

证 设 $p_1, p_2 = d + p_1, p_3 = 2d + p_1$. 当 $p_1 = 2$ 时,p_3 不是素数,因此 p_1 是奇素数. 此时 d 是偶数即 $2 \mid d$,否则 p_2 不是素数. 由 $2 \mid d, 6 \nmid d$,得出 $3 \nmid d$,故得

$$p_1, \quad p_2 = p_1 + d \equiv p_1 + 1 \pmod{3}$$
$$p_3 = p_1 + 2d \equiv p_1 + 2 \pmod{3}$$

或
$$p_1, \quad p_2 = p_1 + d \equiv p_1 + 2 \pmod{3}$$
$$p_3 = p_1 + 2d \equiv p_1 + 1 \pmod{3}$$

无论哪一种情形,p_1, p_2, p_3 中都有一个被 3 整除,由于 p_1, p_2, p_3 是素数,且 $p_1 < p_2 < p_3$,故 $p_1 = 3$,这就证明了 $6 \nmid d$ 时,对于这个给定的 d 最多只有一组素数序列组成等差级数 $p_1 = 3, p_2 = 3 + d, p_3 = 3 + 2d$.

46. 设 $n \geq 2$,证明存在 n 个复合数,组成一个等差级数,而且其中任意两个数互素.

证 选择一个素数 $p > n$ 和一个整数 $N \geq p + (n-1)n!$,则数列
$$N! + p, N! + p + n!, N! + p + 2n!, \cdots, N! + p + (n-1)n! \quad (1)$$
组成一个等差级数.

由于 $N \geq p + (n-1)n!$,故 $N!$ 中有因子 $p, p + n!, \cdots, p + (n-1)n!$,故 (1) 中 n 个数都是复合数.

如果(1)中有两个数不互素,设为
$$N! + p + in!, \quad N! + p + jn!, \quad 0 \leq i < j \leq n-1$$
则这两个数的最大公因数必有素因数 q,即存在素数
$$q \mid N! + p + in!, \quad q \mid N! + p + jn!$$
则有
$$q \mid (j-i)n!, \quad 0 < j-i < n$$
因 q 设为素数,故 $q \mid (j-i)$ 或 $q \mid n!$,归根结底 $q \mid n!$. 又因 $q \leq n! < N!$,故 $q \mid N!$,由
$$q \mid N! + p + in!, \quad q \mid N!, \quad q \mid n!$$
可推得 $q \mid p$. 由 p, q 是素数知只有 $q = p$,而素数 $p > n$,这与 $q \mid n!$ 矛盾.

47. 设 $a > 0, d > 0$,等差级数
$$a, a+d, a+2d, \cdots \tag{1}$$
1)(1)中如果包含一个整数的 k 次幂,则包含无限多个整数的 k 次幂.
2)再设 $(a, d) = 1$,则(1)中有无限多个数具有相同的素因数.

证 1) 如果(1)中包含了一个整数的 k 次幂 u^k,则有
$$u^k \equiv a \pmod{d}$$
于是,对任意的 $n \geq 0$,有
$$(u + nd)^k \equiv u^k \equiv a \pmod{d}$$
因此无限多个整数的 k 次幂
$$(u + nd)^k, \quad n = 0, 1, 2, \cdots$$
都在(1)中.

2) 如果 $a > 1$,则因为 $a^{\varphi(d)} \equiv 1 \pmod{d}$,所以
$$n_l = \frac{a}{d}(a^{\varphi(d)l} - 1), \quad l = 1, 2, \cdots$$
都是整数(其中 $\varphi(d)$ 见 67 页 §8),数
$$a + n_l d = a^{\varphi(d)l+1}, \quad l = 1, 2, \cdots$$
也在(1)中,而且 $a^{\varphi(d)l+1}$ 与 a 有相同的素因数. 故(1)中包含无限多个数具有相同的素因数.

如果 $a = 1$,则 $a + d = a_1 > 1$,且 $(a_1, d) = 1$,同法可证(1)中包含无限多个数与 a_1 有相同的素因数.

48. 设 $n > 0$,则
$$\left[\frac{(n-1)!}{n(n+1)}\right]$$

是偶数.

证 令 $Q = \dfrac{(n-1)!}{n(n+1)}$,当 $n < 6$ 时 $[Q] = 0$,故可设 $n \geq 6$.

当 $n = p(>5)$ 是素数时

$$Q + \frac{1}{p} = \frac{(p-1)! + p + 1}{p(p+1)}$$

因为

$$(p-1)! + 1 \equiv 0 \pmod{p}$$

故

$$p \mid (p-1)! + p + 1$$

又因为

$$p + 1 = 2n_1, \quad 2 < n_1 < p - 1$$

故

$$p + 1 \mid (p-1)! + p + 1$$

所以 $Q + \dfrac{1}{p}$ 是整数,还因 $\dfrac{(p-1)!}{p+1}$ 是偶数,所以 $\dfrac{(p-1)! + p + 1}{p+1}$ 是奇数,即 $Q + \dfrac{1}{p}$ 是奇数,于是 $[Q] = Q + \dfrac{1}{p} - 1$ 是偶数.

当 $n + 1 = p(>5)$ 是素数时,

$$Q + \frac{1}{p} = \frac{(p-2)! + p - 1}{p(p-1)}$$

因为同上原因有

$$p \mid (p-2)! + p - 1, \quad p - 1 \mid (p-2)! + p - 1$$

所以 $Q + \dfrac{1}{p}$ 是整数,还因 $\dfrac{(p-2)!}{p-1}$ 是偶数,故 $\dfrac{(p-2)! + p - 1}{p-1}$ 是奇数,即 $Q + \dfrac{1}{p}$ 是奇数,于是 $[Q] = Q + \dfrac{1}{p} - 1$ 是偶数.

如果 $n, n+1$ 都是复合数,可设 $n = ab, n+1 = cd, 1 < a < n, 1 < b < n$, $1 < c < n, 1 < d < n$. 由 $(ab, cd) = 1$,知 $a \neq c, a \neq d, b \neq c, b \neq d$. 由于 $n \geq 6$,故

$$2 \leq a \leq \frac{n}{2}, \quad 2 \leq b \leq \frac{n}{2}$$

$$2 \leq c \leq \frac{1}{2}(n+1), \quad 2 \leq d \leq \frac{1}{2}(n+1)$$

如果 $a \neq b, c \neq d$,则 a, b, c, d 是 $1, 2, \cdots, n-1$ 中四个不同的数,由此得 $n(n+1) \mid (n-1)!$. 即 $[Q] = Q$. 又因 $n > 13$,故 $1, 2, \cdots, n-1$ 中至少有 6 个偶数,由此得 Q 是偶数. 因为 n 和 $n+1$ 不可能全是平方数,故剩下的情形是 $a = b, c \neq$

d 或 $a \neq b, c = d$,此时取 $a, 2a, c, d$ 或 $a, b, c, 2c$ 都是 $1, 2, \cdots, n - 1$ 中四个不同的数,所以 $\dfrac{(n-1)!}{2n(n+1)}$ 是偶数,即 $Q = [Q]$ 是偶数,结论仍然成立.

49. 设 $a > 0, b > 0, n > 0$,满足 $n \mid a^n - b^n$,则
$$n \mid \frac{a^n - b^n}{a - b}$$

证 设 $p^m \| n$,p 是一个素数,$a - b = t$,如果 $p \nmid t$,则由
$$p^m \mid a^n - b^n = t \cdot \frac{a^n - b^n}{t}$$
及 $(p^m, t) = 1$,推出
$$p^m \mid \frac{a^n - b^n}{t}$$

现设 $p \mid t$,而
$$\frac{a^n - b^n}{t} = \frac{(b+t)^n - b^n}{t} = \frac{b^n + \binom{n}{1} b^{n-1} t + \cdots + \binom{n}{n-1} b t^{n-1} + t^n - b^n}{t} =$$
$$\sum_{i=1}^{n} \binom{n}{i} b^{n-i} t^{i-1}$$

因为
$$\binom{n}{i} b^{n-i} t^{i-1} = \frac{n(n-1)\cdots(n-i+1)}{i!} b^{n-i} t^{i-1} =$$
$$n(n-1)\cdots(n-i+1) b^{n-i} \frac{t^{i-1}}{i!} \tag{1}$$

在 $i = 1, 2, \cdots, n$ 时,$i!$ 中含 p 的最高方幂是(69 页 §15)
$$\sum_{k=1}^{\infty} \left[\frac{i}{p^k}\right] < \sum_{k=1}^{\infty} \frac{i}{p^k} = \frac{i}{p-1} \leqslant i$$

又因 $p^{i-1} \mid t^{i-1}$,$p^m \mid n$,所以从式(1) 可知
$$p^m \mid \binom{n}{i} b^{n-i} t^{i-1}, \quad i = 1, 2, \cdots, n$$
即
$$p^m \mid \frac{a^n - b^n}{a - b}$$

把 n 作素因数分解并考查每一素因数,就证明了 $n \mid \dfrac{a^n - b^n}{a - b}$.

50. 设 $n > 0, m > 1$,则

$$n! \ \Big| \ \prod_{i=0}^{n-1}(m^n - m^i)$$

证 因为

$$\prod_{i=0}^{n-1}(m^n - m^i) = (m^n - 1)(m^n - m)\cdots(m^n - m^{n-1}) =$$

$$m \cdot m^2 \cdot \cdots \cdot m^{n-1}\prod_{i=1}^{n}(m^i - 1) =$$

$$m^{\frac{n(n-1)}{2}}\prod_{i=1}^{n}(m^i - 1)$$

$n=1$ 时,结论是成立的;$n=2$ 时,$2 \mid (m^2-1)(m^2-m)$,结论也是成立的. 现设 $n \geq 3$ 且 $p^\alpha \| n!$,则 $\alpha = \sum_{j=1}^{\infty}\left[\dfrac{n}{p^j}\right]$(69页§15),如果 $p \mid m$,此时因

$$\alpha < \sum_{j=1}^{\infty}\frac{n}{p^j} = \frac{n}{p-1} \leq n \leq \frac{n(n-1)}{2}$$

故 $p^\alpha \ \Big| \ \prod_{i=0}^{n-1}(m^n - n^i)$;如果 $p \nmid m$,则 $(p,m) = 1$,故 $m^{p-1} \equiv 1 \pmod{p}$,从而对任何 $s > 0$ 有

$$p \mid m^{s(p-1)} - 1$$

而 $1, 2, \cdots, n$ 中为 $s(p-1)$ 形式也即是 $p-1$ 的倍数的个数是 $\left[\dfrac{n}{p-1}\right]$,这个个数

$$\left[\frac{n}{p-1}\right] = \left[\sum_{j=1}^{\infty}\frac{n}{p^j}\right] \geq \sum_{j=1}^{\infty}\left[\frac{n}{p^j}\right] = \alpha$$

所以

$$p^\alpha \mid (m^1 - 1)(m^2 - 1)\cdots(m^n - 1) = \prod_{i=1}^{n}(m^i - 1)$$

即得

$$p^\alpha \ \Big| \ \prod_{i=0}^{n-1}(m^n - m^i)$$

把 $n!$ 作素因数分解,并考查每一素因数,就证明了 $n! \ \Big| \ \prod_{i=0}^{n-1}(m^n - m^i)$.

51. 设 $n \geq 5, 2 \leq b \leq n$,则

$$b - 1 \ \Big| \ \left[\frac{(n-1)!}{b}\right] \tag{1}$$

证 如果 $b < n$,则 $b(b-1) \mid (n-1)!$,即 $b-1 \ \Big| \ \dfrac{(n-1)!}{b}$,但 $\dfrac{(n-1)!}{b}$

是整数,故式(1) 成立.

如果 $b=n,n$ 是一个复合数且不是一个素数的平方,可设 $b=n=rs, 1<r<s<n$, 由 $(n,n-1)=1$ 知 $s<n-1$, 故 $b(b-1)=rs(n-1) \mid (n-1)!$, 式(1) 成立.

如果 $b=n=p^2,p$ 是一个素数,由 $n=p^2 \geq 5$ 知 $2<p<2p<p^2-1=n-1$, 故 $p,2p,n-1$ 是小于 n 的三个不同的数. 故
$$p \cdot 2p \cdot (n-1) = 2b(b-1) \mid (n-1)!$$
式(1) 成立.

如果 $b=n=p,p$ 是一个素数,由 $(p-1)!+1 \equiv 0 (\bmod p)$ 知
$$\left[\frac{(p-1)!}{p}\right] = \left[\frac{(p-1)!+1}{p} - \frac{1}{p}\right] = \frac{(p-1)!+1}{p} - 1 = \frac{(p-1)!-(p-1)}{p}$$
即
$$p\left[\frac{(p-1)!}{p}\right] = (p-1)! - (p-1)$$
由于 $(p-1,p)=1$, 故 $p-1 \mid \left[\frac{(p-1)!}{p}\right]$, 式(1) 成立.

52. 证明:对任意的整数 $x, \frac{1}{5}x^5 + \frac{1}{3}x^3 + \frac{7}{15}x$ 是一个整数.

证 由于
$$\frac{1}{5}x^5 + \frac{1}{3}x^3 + \frac{7}{15}x = \frac{3x^5 + 5x^3 + 7x}{15}$$
只须证明对任意的整数 x
$$15 \mid 3x^5 + 5x^3 + 7x \tag{1}$$
因为 $x^3 \equiv x (\bmod 3)$, 故
$$3x^5 + 5x^3 + 7x \equiv 5(x^3 - x) + 12x \equiv 12x \equiv 0 (\bmod 3)$$
同理,因 $x^5 \equiv x (\bmod 5)$, 故
$$3x^5 + 5x^3 + 7x \equiv 10x \equiv 0 (\bmod 5)$$
又因 $(3,5)=1$, 故知(1) 成立.

53. 设 $p>3,p$ 是素数,则对任意的 a,b
$$ab^p - ba^p \equiv 0 (\bmod 6p) \tag{1}$$
证 因为
$$b^p - b = b(b^{p-1} - 1) = b((b^2)^{\frac{p-1}{2}} - 1) =$$

$$b(b^2-1)((b^2)^{\frac{p-1}{2}-1}+\cdots+1)$$

所以
$$b(b^2-1) \mid b^p-b$$

而 $6 \mid b(b^2-1)$,上式给出 $6 \mid b^p-b$,又因 $(6,p)=1, b^p-b \equiv 0 \pmod{p}$,故
$$6p \mid b^p-b$$

由此可得
$$a(b^p-b) \equiv 0 \pmod{6p} \qquad (2)$$

类似可得
$$b(a^p-a) \equiv 0 \pmod{6p} \qquad (3)$$

由(2)和(3)便得到式(1).

54. 设 $a>1, n>1$,称 a^n 为一个完全方幂,证明:当 p 是一个素数时, 2^p+3^p 不是完全方幂.

证 可以直接验证, $p=2$ 时, $2^2+3^2=13$ 不是一个完全方幂; $p=5$ 时, $2^5+3^5=275$ 也不是完全方幂. 现设 $p=2k+1 \neq 5$,有
$$2^p+3^p = 2^{2k+1}+3^{2k+1} =$$
$$(2+3)(2^{2k}-2^{2k-1}3+2^{2k-2}3^2-\cdots+3^{2k}) \qquad (1)$$

由于 2^p+3^p 有因数 5,故若 2^p+3^p 是完全方幂,则必须至少还有一个因数 5. 但由于 $3 \equiv -2 \pmod 5$,
$$2^{2k}-2^{2k-1}3+2^{2k-2}3^2-\cdots+3^{2k} \equiv$$
$$2^{2k}-2^{2k-1}(-2)+2^{2k-2}(-2)^2-\cdots+(-2)^{2k} =$$
$$2^{2k}+2^{2k}+\cdots+2^{2k} = (2k+1)2^{2k} =$$
$$p 2^{p-1} \pmod 5$$

因 $p \neq 5, p$ 又是素数,故 p 没有因子 5,故
$$5 \nmid 2^{2k}-2^{2k-1}3+2^{2k-2}3^2-\cdots+3^{2k}$$

由此知 2^p+3^p 不是完全方幂.

55. 求出最小的正整数,它的 $\dfrac{1}{2}$ 是一个整数的平方,它的 $\dfrac{1}{3}$ 是一个整数的三次方,它的 $\dfrac{1}{5}$ 是一个整数的五次方.

证 注意到"最小"及其他条件,可设 $N=2^\alpha 3^\beta 5^\gamma$,由于 $\dfrac{N}{2}$ 是一个整数的平方,故有
$$\alpha \equiv 1 \pmod 2, \quad \beta \equiv 0 \pmod 2, \quad \gamma \equiv 0 \pmod 2$$

由于 $\dfrac{N}{3}$ 是一个整数的三次方,故
$$\alpha \equiv 0 \pmod{3}, \quad \beta \equiv 1 \pmod{3}, \quad \gamma \equiv 0 \pmod{3}$$
由于 $\dfrac{N}{5}$ 是一个整数的五次方,故
$$\alpha \equiv 0 \pmod{5}, \quad \beta \equiv 0 \pmod{5}, \quad \gamma \equiv 1 \pmod{5}$$
由孙子定理(69 页 §14)可求得
$$\alpha \equiv 15 \pmod{30}, \quad \beta \equiv 10 \pmod{30}, \quad \gamma \equiv 6 \pmod{30}$$
故
$$2^{15} \cdot 3^{10} \cdot 5^{6}$$
是所求的最小的正整数.

56. 证明:当 $n > 1$ 时,不存在奇素数 p 和正整数 m 使 $p^n + 1 = 2^m$;当 $n > 2$ 时,不存在奇素数 p 和正整数 m 使 $p^n - 1 = 2^m$.

证 由 13 题知 $2 \nmid n$ 时,结论成立.

现设 $2 \mid n$,此时在
$$p^n + 1 = 2^m \tag{1}$$
中,由于 $p \geq 3, n \geq 2$,故 $2^m = p^n + 1 \geq 10$,显然有 $m \geq 2$. 对(1)取模 4 得 $2^m \equiv 0 \pmod 4$ 和 $p^n \equiv 1 \pmod 4$,故
$$2 \equiv 0 \pmod{4}$$
但这是不可能的,故第一个结论成立.

设 $n = 2k$,有
$$p^{2k} - 1 = 2^m \tag{2}$$
则由(2)得
$$(p^k - 1)(p^k + 1) = 2^m$$
故有
$$p^k + 1 = 2^s, \quad s > 0, k > 1$$
由第一个结论知上式不能成立,故(2)不成立,这就证明了第二个结论.

57. 证明:不定方程
$$x^2 + y^2 + z^2 = x^2 y^2 \tag{1}$$
除了 $x = y = z = 0$ 外,无其他的整数解.

证 分三种情况讨论.

(i) 设 $2 \nmid x, 2 \nmid y$,由(1)得 $2 \nmid z$,再对(1)取模 4 得
$$3 \equiv 1 \pmod{4}$$
这是不可能的.

（ⅱ）设 $2 \mid x$，对式(1)取模 4 得
$$y^2 + z^2 \equiv 0 \pmod{4} \tag{2}$$
如 y 和 z 中有一个是奇数或全是奇数，则 $y^2 + z^2 \equiv 1$ 或 $2 \pmod 4$，(2) 不成立，故得 $x \equiv y \equiv z \equiv 0 \pmod 2$，令 $x = 2x_1, y = 2y_1, z = 2z_1$，代入(1) 得
$$x_1^2 + y_1^2 + z_1^2 = 4x_1^2 y_1^2 \tag{3}$$
对(3) 取模 4，仿上同理可得 $x_1 \equiv y_1 \equiv z_1 \equiv 0 \pmod 2$，令 $x_1 = 2x_2, y_1 = 2y_2, z_1 = 2z_2$，代入(3) 得
$$x_2^2 + y_2^2 + z_2^2 = 4^2 x_2^2 y_2^2$$
再对上式取模 4，又同理可得 $x_2 \equiv y_2 \equiv z_2 \equiv 0 \pmod 2$. 如此继续下去，可以推出如果存在(1) 的一组整数解 x, y, z，则分别可被 2 的任意次幂所整除，故此时仅有解 $x = y = z = 0$.

（ⅲ）对 $2 \mid y$ 的情形，用与（ⅱ）同样的方法可以证明仅有解 $x = y = z = 0$.

58. 设 n 是给定的正整数，求
$$\frac{1}{n} = \frac{1}{x} + \frac{1}{y}, \quad x \neq y \tag{1}$$
的正整数解 (x, y) 的个数.

证 由(1) 可知正整数解 (x, y) 满足 $x > n, y > n$，可令
$$x = n + r, \quad y = n + s, \quad r \neq s \tag{2}$$
把(2) 代入(1) 可得
$$\frac{1}{n} = \frac{1}{n+r} + \frac{1}{n+s} = \frac{2n + r + s}{(n+r)(n+s)}$$
故
$$n^2 + (r+s)n + rs = 2n^2 + (r+s)n$$
得
$$n^2 = rs$$
n^2 的不同因数 r 共有 $d(n^2)$ 个，但需剔除 $r = n$ 这种情况. 因此，(1) 的正整数解 (x, y) 的个数是
$$d(n^2) - 1$$

59. 设 $n > 1, 2 \nmid n$，则对任意的 m
$$n \nmid m^{n-1} + 1 \tag{1}$$

证 如果 $(n, m) = a > 1$，则因 $a \mid n, a \nmid (m^{n-1} + 1)$，故(1) 成立，以下设 $(n, m) = 1$.

设 n 的标准分解式为 $n = p_1^{\alpha_1} p_2^{\alpha_2} \cdots p_s^{\alpha_s}$，由 $2 \nmid n$ 可设

$$p_i - 1 = 2^{m_i} t_i, \quad m_i > 0$$
$$2 \nmid t_i, \quad i = 1, 2, \cdots, s$$
$$m_j = \min\{m_1, m_2, \cdots, m_s\}$$

于是有
$$n - 1 = p_1^{\alpha_1} p_2^{\alpha_2} \cdots p_s^{\alpha_s} - 1 \equiv 0 \pmod{2^{m_j}}$$

故可设
$$n - 1 = 2^{m_j} u, \quad u > 0$$

如果(1)不成立,则
$$m^{n-1} + 1 \equiv 0 \pmod{n}$$

即
$$m^{2^{m_j} u} + 1 \equiv 0 \pmod{n}$$

由于 $2 \nmid t_j$,即 t_j 是奇数. 由上式得出
$$m^{2^{m_j} u t_j} + 1 \equiv 0 \pmod{n}$$

用 $2^{m_j} t_j = p_j - 1$ 代入,即得
$$m^{(p_j-1)u} + 1 \equiv 0 \pmod{n} \tag{2}$$

因 $(n, m) = 1$,即知 $(p_j, m) = 1$,由此 $m^{(p_j-1)u} - 1 \equiv 0 \pmod{p_j}$,故从(2)得
$$2 \equiv 0 \pmod{p_j}$$

与假设 $p_j > 2$ 矛盾.

注 由此题可立刻推得:设 $n > 1$,则对任意的 $n, n \nmid (2l)^{n-1} + 1$.

60. 设 p_1, p_2 是两个奇素数,$p_1 > p_2$,则对任意的 m
$$p_1 p_2 \nmid m^{p_1 - p_2} + 1 \tag{1}$$

证 $p_1 \mid m$ 或 $p_2 \mid m$ 时式(1)显然成立. 以下设 $(p_1, m) = (p_2, m) = 1$. 如果(1)不成立,则有
$$p_1 p_2 \mid m^{p_1 - p_2} + 1$$

即得 $p_1 p_2 m^{p_2} \mid m^{p_1} + m^{p_2}$. 故有
$$p_1 p_2 \mid m^{p_1} + m^{p_2} \tag{2}$$

由于 $m^{p_1} \equiv m \pmod{p_1}$,从(2)推出
$$m^{p_2} \equiv -m^{p_1} \equiv -m \pmod{p_1} \tag{3}$$

由(3)两边 p_1 次幂后得
$$m^{p_1 p_2} \equiv (-m)^{p_1} \equiv -m^{p_1} \equiv -m \pmod{p_1}$$

因 $(p_1, m) = 1$,故由上式得
$$m^{p_1 p_2 - 1} \equiv -1 \pmod{p_1} \tag{4}$$

同理

$$m^{p_1p_2-1} \equiv -1 \pmod{p_2} \tag{5}$$

由(4)和(5)得

$$m^{p_1p_2-1} \equiv -1 \pmod{p_1p_2}$$

即

$$p_1p_2 \mid m^{p_1p_2-1}+1$$

这与59题的结论矛盾,故(1)成立.

61. 设 $m \geqslant 2$,则存在 $n+1$ 个整数

$$1 \leqslant a_1 < a_2 < \cdots < a_{n+1} \leqslant m^n$$

使得下列 m^{n+1} 个数:

$$\sum_{k=1}^{n+1} t_k a_k, \quad 0 \leqslant t_i \leqslant m-1, i=1,2,\cdots,n+1 \tag{1}$$

都不相同.

证 取

$$a_k = m^{k-1}, \quad k=1,2,\cdots,n+1$$

便合要求.

设(1)中两个数相等

$$\sum_{k=1}^{n+1} t'_k m^{k-1} = \sum_{k=1}^{n+1} t_k m^{k-1} \tag{2}$$

对(2)取模 m 可得

$$t_1 \equiv t'_1 \pmod{m}$$

由 $0 \leqslant t_1, t'_1 \leqslant m-1$ 知 $t_1 = t'_1$,由(2)得

$$\sum_{k=2}^{n+1} t'_k m^{k-2} = \sum_{k=2}^{n+1} t_k m^{k-2} \tag{3}$$

对(3)取模 m,同理可得

$$t'_2 \equiv t_2 \pmod{m}$$

故知 $t'_2 = t_2$,如此继续下去可得 $t'_i = t_i (i=1,2,\cdots,n+1)$,因此,(1)中的数在 $a_k = m^{k-1}(k=1,2,\cdots,n+1)$ 时全不相同.

62. 设 n 个正整数满足 $0 < a_1 < a_2 < \cdots < a_n$,则在 2^n 个整数

$$\sum_{i=1}^{n} t_i a_i, \quad t_i \text{ 取 } 1 \text{ 或 } -1, \quad i=1,2,\cdots,n \tag{1}$$

中至少存在 $\dfrac{n^2+n+2}{2}$ 个不同的整数同时为偶或同时为奇.

证 设 $a = -\sum_{i=1}^{n} a_i$,则

$$a < a + 2a_1 < a + 2a_2 < \cdots < a + 2a_n < a + 2a_n + 2a_1 < \cdots <$$
$$a + 2a_n + 2a_{n-1} < a + 2a_n + 2a_{n-1} + 2a_1 < \cdots <$$
$$a + 2a_n + 2a_{n-1} + 2a_{n-2} < \cdots < a + 2a_n + \cdots + 2a_2 <$$
$$a + 2\sum_{i=1}^{n} a_i = \sum_{i=1}^{n} a_i \qquad (2)$$

(2)中每一个整数都是(1)中的数且不相同,故共有

$$1 + n + n - 1 + n - 2 + \cdots + 2 + 1 = \frac{n(n+1)}{2} + 1 = \frac{n^2 + n + 2}{2}$$

个不同的数.

当 $a \equiv 0 \pmod{2}$ 时,(2)中的数都是偶数;当 $a \equiv 1 \pmod{2}$ 时,(2)中的数都是奇数.

63. 设 $a_1 = a_2 = a_3 = 1$,

$$a_{n+1} = \frac{1 + a_n a_{n-1}}{a_{n-2}}, \quad n \geq 3$$

则 $a_i (i = 1,2,3,\cdots)$ 都是整数.

证 用数学归纳法证. $n = 3$ 时, $a_4 = 2$. 现在设 $n \geq 4$, $a_1, a_2, \cdots, a_n$ 都是整数,我们来证明 a_{n+1} 是整数. 因为

$$a_{n+1} = \frac{1 + a_n a_{n-1}}{a_{n-2}}$$

$$a_n = \frac{1 + a_{n-1} a_{n-2}}{a_{n-3}}$$

所以

$$a_{n+1} a_{n-2} = 1 + a_n a_{n-1} \qquad (1)$$
$$a_n a_{n-3} = 1 + a_{n-1} a_{n-2} \qquad (2)$$

由式(1),(2)可得

$$a_{n+1} a_{n-2} + a_{n-1} a_{n-2} = a_n a_{n-1} + a_n a_{n-3}$$

故有

$$\frac{a_{n+1} + a_{n-1}}{a_n} = \frac{a_{n-1} + a_{n-3}}{a_{n-2}} \qquad (3)$$

当 $2 \mid n$ 时,式(3)给出

$$\frac{a_{n+1} + a_{n-1}}{a_n} = \cdots = \frac{a_3 + a_1}{a_2} = 2$$

当 $2 \nmid n$ 时,式(3)给出

$$\frac{a_{n+1} + a_{n-1}}{a_n} = \cdots = \frac{a_4 + a_2}{a_3} = 3$$

即 $a_{n+1} = 2a_n - a_{n-1}$ 或 $a_{n+1} = 3a_n - a_{n-1}$. 由于 a_{n-1}, a_n 是整数,所以 a_{n+1} 是整数,于是结论成立.

注 此题可推广为:设 $a_1 = a_2 = 1, a_3 = l, a_{n+1} = \dfrac{k + a_n a_{n-1}}{a_{n-2}}, 0 < l \leqslant k$,当 $k = rl - 1$ 时,则 $a_i (i = 1, 2, 3, \cdots)$ 是整数.

64. 证明:

1) 每一个整数至少满足下列同余式中的一个:
$$x \equiv 0 (\bmod 2), \quad x \equiv 0 (\bmod 3), \quad x \equiv 1 (\bmod 4),$$
$$x \equiv 5 (\bmod 6), \quad x \equiv 7 (\bmod 12).$$

2) 每一个整数至少满足下列同余式中的一个:
$$x \equiv 1 (\bmod 3), \quad x \equiv 2 (\bmod 4), \quad x \equiv 5 (\bmod 6),$$
$$x \equiv 4 (\bmod 8), \quad x \equiv 0 (\bmod 9), \quad x \equiv 0 (\bmod 12),$$
$$x \equiv 0 (\bmod 16), \quad x \equiv 3 (\bmod 18), \quad x \equiv 3 (\bmod 24),$$
$$x \equiv 33 (\bmod 36), \quad x \equiv 8 (\bmod 48), \quad x \equiv 15 (\bmod 72).$$

证 1) 全体偶数满足 $x \equiv 0 (\bmod 2)$;全体奇数可按模 12 分成六类
$$12k + 1, 12k + 3, 12k + 5, 12k + 7$$
$$12k + 9, 12k + 11, \quad k = 0, \pm 1, \cdots$$
其中 $12k + 3, 12k + 9$ 满足 $x \equiv 0 (\bmod 3), 12k + 1, 12k + 5$ 满足 $x \equiv 1 (\bmod 4)$, $12k + 7, 12k + 11$ 分别满足 $x \equiv 7 (\bmod 12)$ 和 $x \equiv 5 (\bmod 6)$.

2) 全体偶数为
$$4k, 4k + 2, \quad k = 0, \pm 1, \cdots$$
除满足 $x \equiv 2 (\bmod 4)$ 和 $x \equiv 4 (\bmod 8)$ 以外的偶数,尚有
$$8k, \quad k = 0, \pm 1, \cdots \tag{1}$$
(1) 中偶数除满足 $x \equiv 0 (\bmod 16)$ 外,尚有
$$16k + 8, \quad k = 0, \pm 1, \cdots \tag{2}$$
(2) 中偶数为 $48k + 8, 48k + 24, 48k + 40$,分别满足
$$x \equiv 8 (\bmod 48), \quad x \equiv 0 (\bmod 12), \quad x \equiv 1 (\bmod 3)$$
全体奇数除满足 $x \equiv 5 (\bmod 6)$ 和 $x \equiv 1 (\bmod 3)$ 外,尚有 $6k + 3$,即
$$72k + 3, 72k + 9, 72k + 15, 72k + 21, 72k + 27,$$
$$72k + 33, 72k + 39, 72k + 45, 72k + 51, 72k + 57,$$
$$72k + 63, 72k + 69, \quad k = 0, \pm 1, \cdots \tag{3}$$
(3) 中奇数 $72k + 9, 72k + 45, 72k + 63$ 满足 $x \equiv 0 (\bmod 9); 72k + 3, 72k + 21,$ $72k + 39, 72k + 57$ 满足 $x \equiv 3 (\bmod 18); 72k + 33, 72k + 69$ 满足 $x \equiv 33 (\bmod 36); 72k + 27, 72k + 51$ 满足 $x \equiv 3 (\bmod 24)$;剩下 $72k + 15$ 满足 $x \equiv$

15 (mod 72).

注 是否对每一个 $n_1 \geq 2$ 的整数,都有一组同余式
$$x \equiv a_i \pmod{n_i}, \quad i = 1, 2, \cdots, k$$
$n_1 < n_2 < \cdots < n_k$,使得每一个整数都至少满足其中一个?这个问题尚未解决,但证明了这样的 $n_1, n_2, \cdots, n_k$ 必须满足
$$\sum_{i=1}^{k} \frac{1}{n_i} > 1$$

65. 任给 7 个整数 $a_1 \leq a_2 \leq a_3 \leq a_4 \leq a_5 \leq a_6 \leq a_7$,可在其中选出 4 个整数其和被 4 整除.

证 对模 4 有四个剩余类
$$\{0\}, \{1\}, \{2\}, \{3\} \tag{1}$$
如果 7 个数分布在四个类中,不失一般性,设 a_1 在 $\{0\}$ 中,a_2 在 $\{1\}$ 中,a_3 在 $\{2\}$ 中,a_4 在 $\{3\}$ 中,如果 a_5 在 $\{1\}$ 或 $\{2\}$ 或 $\{3\}$ 中,分别由
$$a_1 + a_2 + a_3 + a_5 \equiv 0 + 1 + 2 + 1 \equiv 0 \pmod{4}$$
或
$$a_2 + a_3 + a_4 + a_5 \equiv 1 + 2 + 3 + 2 \equiv 0 \pmod{4}$$
或
$$a_1 + a_3 + a_4 + a_5 \equiv 0 + 2 + 3 + 3 \equiv 0 \pmod{4}$$
知结论成立. 如果 a_5 在 $\{0\}$ 中,再对 a_6 或 a_7 作同样的讨论,如果 a_5, a_6, a_7 都在 $\{0\}$ 中,由
$$a_1 + a_5 + a_6 + a_7 \equiv 0 + 0 + 0 + 0 \equiv 0 \pmod{4}$$
知结论成立.

如果 7 个数在 (1) 的三类且仅在三类中,共分四种情形:分布在
$$\{0\}, \{1\}, \{2\} \tag{2}$$
中,或分布在
$$\{0\}, \{1\}, \{3\} \tag{3}$$
中,或分布在
$$\{0\}, \{2\}, \{3\} \tag{4}$$
中,或分布在
$$\{1\}, \{2\}, \{3\} \tag{5}$$
中. 先讨论第一种分布,有一类含给定的数如果比 3 大,则至少有 4 个数在同一类中,设为 a_1, a_2, a_3, a_4,则
$$a_1 + a_2 + a_3 + a_4 \equiv 4a_1 \equiv 0 \pmod{4}$$
所以可设每一类不超过三个数,设 a_1, a_2, a_3 分别属于 $\{0\}, \{1\}, \{2\}$,如果 a_4 在

{1}中,由
$$a_1 + a_2 + a_3 + a_4 \equiv 0 + 1 + 2 + 1 \equiv 0 \pmod 4$$
得证;如果a_4不在{1}中,对a_5或a_6或a_7可作同样的讨论,最后,如果a_4,a_5,a_6,a_7都不在{1}中,可设a_4在{0}中,a_5在{2}中,由
$$a_1 + a_3 + a_4 + a_5 \equiv 0 + 2 + 0 + 2 \equiv 0 \pmod 4$$
得证;对于(3),(4),(5) 三种分布情况,分别有
$$0 + 0 + 1 + 3 \equiv 1 + 3 + 1 + 3 \equiv 0 \pmod 4$$
和
$$0 + 2 + 3 + 3 \equiv 0 + 2 + 2 + 0 \equiv 0 \pmod 4$$
和
$$1 + 2 + 2 + 3 \equiv 1 + 1 + 3 + 3 \equiv 0 \pmod 4$$
得证.

对于7个数分别仅分布在一类或仅分布在两类中的情形,因为至少有一个类含4个数,故结论成立.

注 题中数7不能再改小了,因为6个数0,0,0,1,1,1中不存在这样的四个数.设$n \geq 2$,是否对于任意给定的$2n-1$的整数,都能从中选出n个整数,其和被n整除? 由于$2n-2$个数$a_i = 0, a_{i+n-1} = 1(i = 1,2,\cdots,n-1)$中不能选出$n$个数其和被$n$整除,所以$2n-1$不能再小.

66. 设$a_1, a_2, \cdots, a_n$和$b_1, b_2, \cdots, b_n$分别是n的一组完全剩余系(见第66页§6),则

1) $2 \mid n$ 时,$a_1 + b_1, a_2 + b_2, \cdots, a_n + b_n$不是$n$的一组完全剩余系.

2) $n > 2$ 时,$a_1 b_1, a_2 b_2, \cdots, a_n b_n$不是$n$的一组完全剩余系.

证 1) 由于$a_1, a_2, \cdots, a_n$是n的一组完全剩余系,故

$$\sum_{j=1}^{n} a_j \equiv \sum_{j=1}^{n} j = \frac{n(n+1)}{2} \equiv \frac{n}{2} \pmod n \tag{1}$$

同样,有

$$\sum_{j=1}^{n} b_j \equiv \frac{n}{2} \pmod n \tag{2}$$

如果$a_1 + b_1, a_2 + b_2, \cdots, a_n + b_n$是一组完全剩余系,则也有

$$\sum_{j=1}^{n} (a_j + b_j) \equiv \frac{n}{2} \pmod n \tag{3}$$

但是由(1)和(2)得

$$\sum_{j=1}^{n} (a_j + b_j) \equiv n \equiv 0 \pmod n$$

再由(3)得

$$\frac{n}{2} \equiv 0 \pmod{n}$$

上式不能成立,故 $a_1+b_1,a_2+b_2,\cdots,a_n+b_n$ 在 $2\mid n$ 时,不是 n 的一组完全剩余系.

2) 设 $4\mid n$,如果 $a_1b_1,a_2b_2,\cdots,a_nb_n$ 是 n 的一组完全剩余系,则其中有 $\frac{n}{2}$ 个奇数和 $\frac{n}{2}$ 个偶数,不失一般性,假设 $a_1b_1,a_2b_2,\cdots,a_{\frac{n}{2}}b_{\frac{n}{2}}$ 是 $\frac{n}{2}$ 个奇数,则 $a_1,a_2,\cdots,a_{\frac{n}{2}}$ 和 $b_1,b_2,\cdots,b_{\frac{n}{2}}$ 分别是 $a_1,a_2,\cdots,a_n$ 和 $b_1,b_2,\cdots,b_n$ 中的 $\frac{n}{2}$ 个奇数. 由完全剩余系知在 $a_1b_1,a_2b_2,\cdots,a_nb_n$ 中存在某个 j,使
$$a_jb_j \equiv 2 \pmod{n}$$
故
$$a_jb_j \equiv 2 \pmod{4} \quad \text{且} \quad \frac{n}{2}+1 \leqslant j \leqslant n \tag{4}$$

但此时 $a_j \equiv b_j \equiv 0 \pmod 2$,因此式(4)不可能.

当 $4\nmid n$ 时可设 $n=qm$,这里 $q=p$ 或 $q=2p$,p 是一个奇素数,$2\nmid m$. 在 $q=p$ 时

$$\prod_{\substack{j=1 \\ (j,p)=1}}^{p} j = (p-1)! \equiv -1 \pmod{p} \tag{5}$$

在 $q=2p$ 时

$$\prod_{\substack{j=1 \\ (j,2p)=1}}^{2p} j = 1\cdot 3\cdot 5\cdot\cdots\cdot(p-2)\cdot(p+2)\cdot(p+4)\cdot\cdots\cdot(2p-1) \equiv$$
$$(p-1)! \equiv -1 \pmod{p} \tag{6}$$

和

$$\prod_{\substack{j=1 \\ (j,2p)=1}}^{2p} j \equiv -1 \pmod{2} \tag{7}$$

由(6)和(7)得

$$\prod_{\substack{j=1 \\ (j,2p)=1}}^{2p} j \equiv -1 \pmod{2p} \tag{8}$$

由(5)和(8)可得

$$\prod_{\substack{j=1 \\ (a_j,q)=1}}^{n} a_j \equiv \prod_{\substack{j=1 \\ (b_j,q)=1}}^{n} b_j \equiv \prod_{\substack{j=1 \\ (j,q)=1}}^{n} j \equiv \left(\prod_{\substack{j=1 \\ (j,q)=1}}^{q} j\right)^m \equiv$$
$$(-1)^m = -1 \pmod{q}$$

如果 $a_1b_1,a_2b_2,\cdots,a_nb_n$ 是 n 的一组完全剩余系,则得

$$-1 \equiv \prod_{\substack{j=1 \\ (j,q)=1}}^{n} j \equiv \prod_{\substack{j=1 \\ (a_jb_j,q)=1}}^{n} a_jb_j \equiv \prod_{\substack{j=1 \\ (a_j,q)=1}}^{n} a_j \cdot \prod_{\substack{j=1 \\ (b_j,q)=1}}^{n} b_j \equiv 1 \pmod{q} \qquad (9)$$

而 $q \nmid 2$, 所以 (9) 不可能成立, 这就证明了 $a_1b_1, a_2b_2, \cdots, a_nb_n$ 在 $n > 2$ 时, 不能组成 n 的一组完全剩余系.

67. 设 $0 < a_1 \leqslant a_2 \leqslant \cdots \leqslant a_n$ 满足 $a_1 + a_2 + \cdots + a_n = 2n, 2 \mid n, a_n \neq n+1$, 则在其中一定可选出某些数, 使它们的和等于 n.

证 作 $n-1$ 个和式 $s_k = a_1 + a_2 + \cdots + a_k, k = 1, 2, \cdots, n-1$, 则在 $n+1$ 个数

$$0, a_1 - a_n, s_1, s_2, \cdots, s_{n-1}$$

中至少有两个数对模 n 同余. 现在分四种情形来讨论:

（i）如果 $0 \equiv a_n - a_1 \pmod{n}$, 因为

$$a_1 + a_2 + \cdots + a_n = 2n, \quad a_1 + a_2 + \cdots + a_{n-1} \geqslant n-1$$

故

$$a_n = 2n - a_1 - a_2 - \cdots - a_{n-1} \leqslant 2n - (n-1) = n+1$$

而 $a_n \neq n+1$, 故 $a_n \leqslant n$ 或 $-a_n \geqslant -n$, 故 $0 \geqslant a_1 - a_n \geqslant -n+1$, 结合 $a_n - a_1 \equiv 0 \pmod{n}$ 推出 $a_1 = a_n$, 故 $a_1 = a_2 = \cdots = a_n = 2$, 设 $n = 2m$, 则 $a_1, a_2, \cdots, a_n$ 中任意 m 个数的和是 n.

（ii）如果 $s_i \equiv s_k \pmod{n}, 1 \leqslant i < k \leqslant n-1$, 由 $1 \leqslant s_k - s_i \leqslant 2n-2$, 故 $s_k - s_i = n$, 即得 $a_{i+1} + \cdots + a_k = n$.

（iii）如果对某个 $k, 1 \leqslant k \leqslant n-1, s_k \equiv a_1 - a_n \pmod{n}, k=1$ 时, $a_n \equiv 0 \pmod{n}$, 由 $a_n \leqslant n$, 故只须取 a_n 就有 $a_n = n$; 在 $k > 1$ 时

$$a_2 + a_3 + \cdots + a_k + a_n \equiv 0 \pmod{n} \qquad (1)$$

而

$$1 \leqslant a_2 + a_3 + \cdots + a_k + a_n < a_1 + a_2 + \cdots + a_n = 2n$$

（1）给出 $a_2 + a_3 + \cdots + a_k + a_n = n$.

（iv）如果对某个 $1 \leqslant k \leqslant n-1, s_k \equiv 0 \pmod{n}$, 由 $1 \leqslant s_k \leqslant 2n-1$, 故 $s_k = n$.

注 从以上证明可知, 在 n 是奇数时只须加上条件 $a_n \neq 2$, 结论仍然成立.

68. 设 $P = n(n+1)(n+2)(n+3)(n+4)(n+5)(n+6)(n+7), n \geqslant 1$, 则

$$[\sqrt[4]{P}] = n^2 + 7n + 6$$

证

$$P = n(n+7)(n+1)(n+6)(n+2)(n+5)(n+3)(n+4) =$$

$$(n^2 + 7n + 6 - 6)(n^2 + 7n + 6)(n^2 + 7n + 6 + 4)(n^2 + 7n + 6 + 6) =$$
$$(a - 6)a(a + 4)(a + 6) = a^4 + 4a^3 - 36a^2 - 144a =$$
$$a^4 + 4a(a^2 - 9a - 36) = a^4 + 4a(a + 3)(a - 12)$$

这里 $a = n^2 + 7n + 6$,由于 $a > 12$,故 $a^4 < P$,另一方面
$$(a + 1)^4 - P = 42a^2 + 148a + 1 > 0$$

于是,得
$$a^4 < P < (a + 1)^4 \tag{1}$$

故
$$a < \sqrt[4]{P} < a + 1 \tag{2}$$

由式(2)得出
$$[\sqrt[4]{P}] = n^2 + 7n + 6$$

注 由(1) 知连续 8 个正整数的积 P 不是一个整数的四次方幂.

69. 证明
$$61! + 1 \equiv 0 \pmod{71}$$

和
$$63! + 1 \equiv 0 \pmod{71}$$

证 当 p 是一个奇素数时,有(67 页 §10)
$$(p - 1)! + 1 \equiv 0 \pmod{p} \tag{1}$$

对于整数 $1 \leqslant r \leqslant p - 1$,有 $p - j \equiv -j \pmod{p}$,取 $j = 1, 2, \cdots, r$,再两边相乘,得
$$(p - 1)(p - 2)\cdots(p - r) \equiv (-1)^r r! \pmod{p} \tag{2}$$

如果存在 r,使
$$(-1)^r r! \equiv 1 \pmod{p} \tag{3}$$

则由(1),(2),(3) 可得
$$-1 \equiv (p - 1)! \equiv (p - 1) \cdot \cdots \cdot (p - r) \cdot (p - r - 1)! \equiv$$
$$(-1)^r r! (p - r - 1)! \equiv (p - r - 1)!$$
$$(p - r - 1)! + 1 \equiv 0 \pmod{p} \tag{4}$$

现在来解本题,因为当 $p = 71$ 时 7,9 满足(3),即
$$(-1)^7 7! \equiv 1 \pmod{71}$$

和
$$(-1)^9 9! \equiv 1 \pmod{71}$$

所以,由(4) 得出
$$63! + 1 \equiv 0 \pmod{71}$$

和
$$61! + 1 \equiv 0 \pmod{71}$$

注 设 $p = 4n + 3$ 是一个素数,$l = \frac{1}{2}(p-1)$,r 是 $1, 2, \cdots, l$ 中模 p 的平方非剩余的个数,则 $l! \equiv (-1)^r (\bmod p)$.

70. 设 $p > 3$ 是一个素数,且设
$$1 + \frac{1}{2} + \cdots + \frac{1}{p-1} + \frac{1}{p} = \frac{r}{ps}, \quad (r,s) = 1 \tag{1}$$
则
$$p^3 \mid r - s$$

证 设
$$(x-1)(x-2)\cdots(x-(p-1)) = x^{p-1} - s_1 x^{p-2} + \cdots - s_{p-2} x + s_{p-1} \tag{2}$$
由根与系数的关系,这里
$$s_{p-1} = (p-1)!, \quad s_{p-2} = (p-1)!\left(1 + \frac{1}{2} + \cdots + \frac{1}{p-1}\right)$$
因
$$x^{p-1} - s_1 x^{p-2} + \cdots - s_{p-2} x + s_{p-1} \equiv x^{p-1} - 1 \pmod{p} \tag{3}$$
而 $s_{p-1} + 1 \equiv 0 \pmod{p}$,故由(3)得出同余式
$$-s_1 x^{p-2} + \cdots - s_{p-2} x \equiv 0 \pmod{p}$$
有 p 个解,故
$$p \mid (s_1, s_2, \cdots, s_{p-2})$$
在(2)中令 $x = p$,得
$$p^{p-2} - s_1 p^{p-3} + \cdots + s_{p-3} p - s_{p-2} = 0$$
由于 $p > 3$,故从上式得出
$$s_{p-2} \equiv 0 \pmod{p^2}$$
式(1)给出
$$s_{p-2} = \frac{(p-1)!(r-s)}{sp}$$
因为 $s \mid (p-1)!$,且 $p \nmid \frac{(p-1)!}{s}$,故由 $s_{p-2} \equiv 0 \pmod{p^2}$ 得出整数 $\frac{r-s}{p}$ 被 p^2 整除,故 $p^3 \mid r - s$.

71. 设
$$\frac{a_1}{b_1}, \frac{a_2}{b_2}, \cdots, \frac{a_n}{b_n}$$
为 n 个有理数,其中 $(n, \prod_{i=1}^{n} b_i) = 1$,则存在 $1 \leq k \leq m \leq n$,使得 $\sum_{i=k}^{m} \frac{a_i}{b_i}$ 的分子被

n 整除.

证 设 $b = \prod_{i=1}^{n} b_i, c_i = \dfrac{a_i b}{b_i}$,有

$$\sum_{i=k}^{m} \frac{a_i}{b_i} = \sum_{i=k}^{m} \frac{c_i}{b} = \frac{\sum_{i=k}^{m} c_i}{b}$$

由于 $(n,b) = 1$,所以如能证得 $n \mid \sum_{i=k}^{m} c_i$,就可推出 $\sum_{i=k}^{m} \dfrac{a_i}{b_i}$ 的分子被 n 整除. 故只须证明存在整数 $1 \leq k \leq m \leq n$ 使 $n \mid \sum_{i=k}^{m} c_i$,考虑 n 个整数

$$s_k = \sum_{i=1}^{k} c_i, \quad k = 1, 2, \cdots, n$$

如果模 n 互不同余,则有某个 k 存在,$1 \leq k \leq n$,使 $n \mid s_k$,故结论成立. 如果有 $1 \leq q < m \leq n$,使

$$s_q \equiv s_m \pmod{n}$$

故有

$$s_m - s_q \equiv c_{q+1} + \cdots + c_m \equiv 0 \pmod{n}$$

设 $k = q + 1$ 时即有

$$\sum_{i=k}^{m} \frac{a_i}{b_i}$$

的分子被 n 整除.

72. 设 $p > 3$ 是一个素数,且

$$S = \sum_{k=1}^{[\frac{2p}{3}]} (-1)^{k+1} \frac{1}{k}$$

则 p 整除 S 的分子.

证 由于可以把级数 S 中的偶次项之和写成

$$- \sum_{1 \leq 2k < \frac{2p}{3}} \frac{1}{2k}$$

故

$$S = \sum_{1 \leq k < \frac{2p}{3}} \frac{1}{k} - 2 \sum_{1 \leq 2k < \frac{2p}{3}} \frac{1}{2k} = \sum_{1 \leq k < \frac{2p}{3}} \frac{1}{k} - \sum_{1 \leq k < \frac{p}{3}} \frac{1}{k} =$$

$$\sum_{\frac{p}{3} < k < \frac{2p}{3}} \frac{1}{k} = \sum_{\frac{p}{3} < k < \frac{p}{2}} \frac{1}{k} + \sum_{\frac{p}{2} < k < \frac{2p}{3}} \frac{1}{k} =$$

$$\sum_{\frac{p}{3} < k < \frac{p}{2}} \frac{1}{k} + \sum_{\frac{p}{3} < k < \frac{p}{2}} \frac{1}{p-k} = \sum_{\frac{p}{3} < k < \frac{p}{2}} \left(\frac{1}{k} + \frac{1}{p-k} \right) =$$

$$p \sum_{\frac{p}{3} < k < \frac{p}{2}} \frac{1}{k(p-k)}$$

由于 $p > 3$ 是素数，$\frac{p}{3} < k < \frac{p}{2}$ 时，$p \nmid k(p-k)$，故上式分子中因数 p 不会约去，即 p 整除 S 的分子.

73. 设 $0 < k \leqslant \frac{n^2}{4}$，且 k 的任一素因数 $p \leqslant n$，则

$$k \mid n! \tag{1}$$

证 设 $p \parallel k$，由于 $p \leqslant n$，故 $p \mid n!$.

现设 $p^{2s} \parallel k, s \geqslant 1$，由于 $k \leqslant \frac{n^2}{4}$，故 $n \geqslant 2p^s$，如果 $p^e \parallel n!$，则有（69 页 §15）

$$e \geqslant \left[\frac{n}{p}\right] \geqslant \left[\frac{2p^s}{p}\right] = 2p^{s-1} \geqslant 2s$$

因此 $p^{2s} \mid n!$.

最后，设 $p^{2s+1} \parallel k$，如果 $4p^s < n, p^e \parallel n!$，则

$$e \geqslant \left[\frac{n}{p}\right] \geqslant 4p^{s-1} > 2s + 1$$

故 $p^{2s+1} \mid n!$；如果 $4p^s \geqslant n$，则有

$$4p^s \geqslant n \geqslant 2\sqrt{p}\, p^s, \quad 2 \geqslant \sqrt{p}, \quad 2\sqrt{p} \geqslant p, \quad n \geqslant p^{s+1}$$

于是在 $p^e \parallel n!$ 时

$$e \geqslant \left[\frac{n}{p^{s+1}}\right] + \left[\frac{n}{p^s}\right] + \cdots + \left[\frac{n}{p}\right] \geqslant \left[\frac{p^{s+1}}{p^{s+1}}\right] + \cdots + \left[\frac{p^{s+1}}{p}\right] =$$
$$1 + p + \cdots + p^s \geqslant 1 + 2 + \cdots + 2^s = 2^{s+1} - 1 \geqslant 2s + 1$$

故 $p^{2s+1} \mid n!$. 因此，式(1)成立.

74. 方程

$$k\varphi(n) = n - 1, \quad k \geqslant 2 \tag{1}$$

如果有正整数解，则 n 至少是 4 个不同的奇素数的乘积.

证 由于 $n = 1$ 和 2 不是(1)的解，因此，可设 $n > 2$，此时，由 $\varphi(n)$ 的公式不难证明 $2 \mid \varphi(n)$，由(1)可知左边为偶数，则 $2 \nmid n$. 当 p 是素数 $p^2 \mid n$ 或 $p \mid n$，$q \mid n, q$ 是 $pm + 1$ 形状的素数时，由 $\varphi(n)$ 的公式知(1)的左端将被 p 整除而右端不能被 p 整除，这是不可能的，因此，可设 $n = p_1 p_2 \cdots p_s, p_1 < p_2 < \cdots < p_s$，因 $2 \nmid n$ 故其中 p_i 是奇素数 $(i = 1, 2, \cdots, s)$，且 p_i 满足前面对 q 的限制. 代入(1) 得

$$k(p_1 - 1)(p_2 - 1)\cdots(p_s - 1) = p_1 p_2 \cdots p_s - 1 \tag{2}$$

如果 $s \leqslant 3$，并注意到前面对 q 的限制，则由(2)可得

$$k = \prod_{i=1}^{s} \frac{p_i}{(p_i - 1)} - \frac{1}{\prod_{i=1}^{s}(p_i - 1)} < \frac{3}{2} \cdot \frac{5}{4} \cdot \frac{17}{16} < 2$$

或

$$k < \frac{3}{2} \cdot \frac{11}{10} \cdot \frac{17}{16} < 2$$

或

$$k < \frac{5}{4} \cdot \frac{7}{6} \cdot \frac{11}{10} < 2$$

均与 $k \geq 2$ 矛盾,故 $s \geq 4$.

注 n 是素数时,显然有 $\varphi(n) \mid n-1$;曾经猜想不存在复合数 n,使 $\varphi(n) \mid n-1$,即(1)无正整数解,这个猜想尚未解决,1962 年,我们曾证明了(1)有解,则 n 至少是 12 个不同的奇素数的乘积.

75. 如有正整数 n 满足

$$\varphi(n+3) = \varphi(n) + 2 \tag{1}$$

则 $n = 2p^\alpha$ 或 $n + 3 = 2p^\alpha$,其中 $\alpha \geq 1, p \equiv 3 \pmod 4, p$ 是素数.

证 验证可知 $n = 1, 2$ 不满足式(1). 可设 $n > 2$,这时如上题说明 $\varphi(n)$,$\varphi(n+3)$ 都是偶数,由(1) $\varphi(n)$ 和 $\varphi(n+3)$ 不能同时被 4 整除,故只能有

$$\varphi(n) \equiv 2 \pmod 4 \quad \text{或} \quad \varphi(n+3) \equiv 2 \pmod 4$$

令 $n = 2^{\alpha_1} p_2^{\alpha_2} \cdots p_k^{\alpha_k}$,则

$$\varphi(n) = 2^{\alpha_1 - 1} p_2^{\alpha_2 - 1}(p_2 - 1) \cdots p_k^{\alpha_k - 1}(p_k - 1)$$

从中分析可得 $n = 4, n = p^\alpha, 2p^\alpha$ 或 $n + 3 = p^\alpha, 2p^\alpha, \alpha \geq 1$,其中都有 $p \equiv 3 \pmod 4, p$ 是素数. $n = 4$ 不适合式(1). 设 $n = p^\alpha$,由(1) 得

$$\varphi(p^\alpha + 3) = p^\alpha - p^{\alpha-1} + 2 \tag{2}$$

设 $2^t \| p^\alpha + 3, t \geq 1$,由(2) 得

$$p^\alpha - p^{\alpha-1} + 2 = \varphi\left(2^t \cdot \frac{p^\alpha + 3}{2^t}\right) = 2^{t-1}\varphi\left(\frac{p^\alpha + 3}{2^t}\right) \leq$$

$$2^{t-1}\left(\frac{p^\alpha + 3}{2^t} - 1\right) = \frac{p^\alpha + 3}{2} - 2^{t-1}$$

即有

$$p^\alpha - p^{\alpha-1} + 2 \leq \frac{p^\alpha + 3}{2} - 1$$

$$p^\alpha \leq 2p^{\alpha-1} - 3 \quad \text{或} \quad 3 \leq p^{\alpha-1}(2 - p) \tag{3}$$

由于 $p > 2$,故式(3) 不能成立. 同样可证 $n + 3 = p^\alpha$ 时,式(1) 不成立,故 $n = 2p^\alpha$ 或 $n + 3 = 2p^\alpha$.

注 1962 年,我们曾证明 $n < 2.6 \times 10^{17}$ 时,(1) 无正整数解.

76. 求出满足
$$d(n) = \varphi(n) \qquad (1)$$
的全部正整数 n.

证 设 $H(n) = \dfrac{\varphi(n)}{d(n)}$,由 $d(n), \varphi(n)$ 的公式知,当 $(s,t) = 1$ 时,$d(st) = d(s)d(t), \varphi(st) = \varphi(s)\varphi(t)$,故在 $(s,t) = 1$ 时,有 $H(st) = H(s)H(t)$. 式(1)可写为求解
$$H(n) = 1 \qquad (2)$$

如果 p, q 是素数,$p > q$,有 $H(p) = \dfrac{p-1}{2} > \dfrac{q-1}{2} = H(q)$,现在固定 p,对于 $k \geq 1$,有
$$\frac{H(p^{k+1})}{H(p^k)} = \frac{p(1+k)}{2+k} \geq \frac{2k+2}{2+k} > 1$$

所以在 $k \geq 1$ 时,$H(p^{k+1}) > H(p^k)$,由于
$$H(2) = \frac{1}{2}, \quad H(3) = 1, \quad H(5) = 2$$
$$H(2^2) = \frac{2}{3}, \quad H(3^2) = 2$$
$$H(2^3) = 1$$
$$H(2^4) = \frac{8}{5}$$

所以(2)的全部解是
$$H(1) = 1, \quad H(3) = 1, \quad H(8) = 1$$
$$H(2)H(5) = H(10) = 1, \quad H(2)H(9) = H(18) = 1$$
$$H(3)H(8) = H(24) = 1$$
$$H(2)H(3)H(5) = H(30) = 1$$

即(1)的全部解是
$$n = 1, 3, 8, 10, 18, 24, 30$$

注 1964 年,我们证明了:对于给定的正整数 a, b, s, t,方程
$$a(d(n))^s = b(\varphi(n))^t$$
只有有限个正整数解 n.

77. 设 p, q 是素数,$a > 0, b > 0$,且 $p^a > q^b$,如果 $p^a \mid \sigma(q^b)\sigma(p^a)$,则
$$p^a = \sigma(q^b)$$

证 由于
$$\sigma(p^a) = 1 + p + \cdots + p^a \equiv 1 \pmod{p}$$
故$(p^a, \sigma(p^a)) = 1$,因此当
$$p^a \mid \sigma(q^b)\sigma(p^a)$$
时,可得
$$p^a \mid \sigma(q^b) \tag{1}$$
但另一方面
$$\sigma(q^b) = 1 + q + \cdots + q^b = \frac{q^b - 1}{q - 1} + q^b < 2q^b$$
由$q^b < p^a$得
$$\sigma(q^b) < 2p^a$$
故由式(1)得
$$p^a = \sigma(q^b)$$

78. 求出满足
$$\varphi(mn) = \varphi(m) + \varphi(n) \tag{1}$$
的全部正整数对(m, n).

证 设$(m, n) = d$,则从$\varphi(n)$的公式不难有
$$\varphi(mn) = \frac{d\varphi(m)\varphi(n)}{\varphi(d)}$$
由(1)得
$$\varphi(m) + \varphi(n) = \frac{d\varphi(m)\varphi(n)}{\varphi(d)} \tag{2}$$
设$\frac{\varphi(m)}{\varphi(d)} = a, \frac{\varphi(n)}{\varphi(d)} = b, a, b$都是正整数,(2) 化为
$$\frac{1}{a} + \frac{1}{b} = d \tag{3}$$
$d > 2$时,易证(3) 无正整数解,在$d = 1$和$d = 2$时,(3) 分别仅有正整数解$a = b = 2$ 和$a = b = 1$. 在$d = 1, a = b = 2$时,$\varphi(m) = \varphi(n) = 2$,得$(m, n) = (3, 4)$,$(4, 3)$;在$d = 2, a = b = 1$时,$\varphi(m) = \varphi(n) = 1$,得$(m, n) = (2, 2)$.

79. 设$n > 0$,满足$24 \mid n + 1$,则
$$24 \mid \sigma(n) \tag{1}$$

证 由$24 \mid n + 1$知$n \equiv -1 \pmod{3}$ 和 $n \equiv -1 \pmod{8}$,设因子$d \mid n$,则$3 \nmid d, 2 \nmid d$,可设$d \equiv 1, 2 \pmod{3}, d \equiv 1, 3, 5, 7 \pmod{8}$,因为
$$d \cdot \frac{n}{d} = n \equiv -1 \pmod{3}$$

和
$$d\frac{n}{d} = n \equiv -1 \pmod{8}$$
由此得出
$$d \equiv 1 \pmod{3}, \quad \frac{n}{d} \equiv 2 \pmod{3}$$
或
$$d \equiv 2 \pmod{3}, \quad \frac{n}{d} \equiv 1 \pmod{3}$$
和
$$d \equiv 3 \pmod{8}, \quad \frac{n}{d} \equiv 5 \pmod{8}$$
或
$$d \equiv 5 \pmod{8}, \quad \frac{n}{d} \equiv 3 \pmod{8}$$
或
$$d \equiv 1 \pmod{8}, \quad \frac{n}{d} \equiv 7 \pmod{8}$$
或
$$d \equiv 7 \pmod{8}, \quad \frac{n}{d} \equiv 1 \pmod{8}$$
每一种情形都有
$$d + \frac{n}{d} \equiv 0 \pmod{3}$$
$$d + \frac{n}{d} \equiv 0 \pmod{8}$$
故
$$d + \frac{n}{d} \equiv 0 \pmod{24} \tag{2}$$

又知 $n \neq k^2, k > 1$，因为，否则由 $2 \nmid n, n = k^2 \equiv 1 \pmod{8}$ 与 $n \equiv -1 \equiv 7 \pmod{8}$ 矛盾. 所以，$d(n)$ 是偶数，d 和 $\frac{n}{d}$ 成对出现，由(2)便知(1)成立.

80. 设 $a > 0, b > 0, (a,b) = 1$，则存在 $m > 0, n > 0$，使得
$$a^m + b^n \equiv 1 \pmod{ab}$$

证　设 $m = \varphi(b), n = \varphi(a)$，由 $(a,b) = 1$，有（见 67 页 §9）
$$a^m \equiv 1 \pmod{b} \tag{1}$$

和
$$b^n \equiv 1 \pmod{a} \tag{2}$$
于是由(1)和(2)
$$a^m + b^n \equiv b^n \equiv 1 \pmod{a} \tag{3}$$
和
$$a^m + b^n \equiv a^n \equiv 1 \pmod{b} \tag{4}$$
由(3),(4)得出
$$a^m + b^n \equiv 1 \pmod{ab}$$

81. 证明存在无穷多个奇数 n,使
$$\sigma(n) > 2n$$

证 由 $945 = 3^3 \cdot 5 \cdot 7$,故
$$\sigma(945) = (1 + 3 + 3^2 + 3^3)(1 + 5)(1 + 7) = 1\,920$$
故
$$\sigma(945) > 2 \cdot 945 = 1\,890$$
设 $n = 945m, 2 \nmid m, (945, m) = 1$,于是
$$\sigma(n) = \sigma(945m) = \sigma(945)\sigma(m) \geqslant \sigma(945)m >$$
$$2 \cdot 945m = 2n$$
所以有无穷多个奇数 n,使
$$\sigma(n) > 2n$$

注 945 是最小的奇正整数使 $\sigma(n) > 2n$.

82. 证明
$$\varphi(n) \geqslant \frac{n}{d(n)}$$

证 设 n 的标准分解式为 $n = p_1^{l_1} p_2^{l_2} \cdots p_s^{l_s}$,故
$$\varphi(n)d(n) = n\left(1 - \frac{1}{p_1}\right)\left(1 - \frac{1}{p_2}\right)\cdots\left(1 - \frac{1}{p_s}\right)(l_1 + 1)(l_2 + 1)\cdots(l_s + 1) \geqslant$$
$$n\left(\frac{1}{2}\right)^s 2^s = n$$
于是得
$$\varphi(n) \geqslant \frac{n}{d(n)}$$

83. 设 $m > 0$,则同余式
$$6xy - 2x - 3y + 1 \equiv 0 \pmod{m} \tag{1}$$

有解.

证 可设
$$m = 2^{k-1}(2a - 1), \quad k > 0, a > 0$$
由于
$$3 \mid 2^{2k+1} + 1$$
故可设
$$2^{2k+1} + 1 = 3b$$
又
$$6xy - 2x - 3y + 1 = (2x - 1)(3y - 1)$$
有
$$6ab - 2a - 3b + 1 = (2a - 1)(3b - 1) = (2a - 1)2^{2k+1} =$$
$$2^{k+2}(2a - 1)2^{k-1} = 2^{k+2}m$$

故 $x = a, y = b$ 是(1)的一组解.

注 但是,$6xy - 2x - 3y + 1 = 0$ 没有整数解.

84. 证明对于任意给定的 $n > 0$,存在 $m > 0$,使同余式
$$x^2 \equiv 1 \pmod{m}$$
多于 n 个解.

证 对任意的奇素数 p,同余式
$$x^2 \equiv 1 \pmod{p}$$
有两个解 1 和 $p - 1$,设 $m = p_1 p_2 \cdots p_s, p_i (i = 1, 2, \cdots, s)$ 是不同的奇素数,则由孙子定理,下列方程组
$$X \equiv a_1 \pmod{p_1}, \cdots, X \equiv a_s \pmod{p_s}$$
$$a_i = 1 \text{ 或 } p_i - 1, \quad i = 1, 2, \cdots, s$$
有 2^s 个解模 $m = p_1 p_2 \cdots p_s$,设解为 $g_1, g_2, \cdots, g_{2^s}$,它们也是
$$x^2 \equiv 1 \pmod{p_1 p_2 \cdots p_s}$$
的 2^s 个解,而 $m = p_1 p_2 \cdots p_s$,取 s 使 $2^s > n$,即存在 $m > 0$ 使同余式
$$x^2 \equiv 1 \pmod{m}$$
多于 n 个解.

85. 设 $n \equiv 2, 3 \pmod{4}$,则不存在 $1, 2, \cdots, 2n$ 的排列满足
$$a_1, a_2, \cdots, a_n, b_1, b_2, \cdots, b_n, \quad b_i - a_i = i, \quad i = 1, 2, \cdots, n \quad (1)$$

证 如果存在 $1, 2, \cdots, 2n$ 的某个排列 $a_1, a_2, \cdots, a_n, b_1, b_2, \cdots, b_n$ 满足(1),则有

$$\sum_{i=1}^{n}(b_i - a_i) = \sum_{i=1}^{n} i = \frac{n(n+1)}{2} \tag{2}$$

另一方面

$$\sum_{i=1}^{n}(b_i + a_i) = \sum_{i=1}^{2n} i = n(2n+1) \tag{3}$$

由(2)和(3)得

$$\sum_{i=1}^{n} b_i = \frac{n(5n+3)}{4} \tag{4}$$

在 $n \equiv 2,3 \pmod 4$ 时,(4)的左端是整数,右端不是整数,这是矛盾的,故满足(1)的排列不存在.

注 在 $n \equiv 0,1 \pmod 4$ 时,存在这样的排列,如
$$n = 4, 6, 1, 2, 4, 7, 3, 5, 8$$
$$n = 5, 2, 6, 7, 1, 4, 3, 8, 10, 5, 9$$

86. 证明

$$\sum_{n=1}^{\infty} \frac{\sigma(n)}{n!}$$

是一个无理数.

证 用反证法. 若 $h = \sum_{n=1}^{\infty} \frac{\sigma(n)}{n!} = \frac{r}{s}$ 是一个有理数,其中 $(r,s) = 1$. 又设 $p > \max(s,6)$ 是一个素数,由

$$h = \sum_{n=1}^{p-1} \frac{\sigma(n)}{n!} + \sum_{n=p}^{\infty} \frac{\sigma(n)}{n!}$$

得

$$(p-1)!\,h = (p-1)! \sum_{n=1}^{p-1} \frac{\sigma(n)}{n!} + \sum_{c=0}^{\infty} \frac{\sigma(p+c)}{p(p+1)\cdots(p+c)} \tag{1}$$

令 $k = \sum_{c=0}^{\infty} \frac{\sigma(p+c)}{p(p+1)\cdots(p+c)}$,由于

$$\frac{\sigma(p)}{p} = 1 + \frac{1}{p}$$

$$\sigma(p+c) < 1 + 2 + \cdots + (p+c) = \frac{1}{2}(p+c)(p+c+1)$$

故

$$1 < k = 1 + \frac{1}{p} + \sum_{c=1}^{\infty} \frac{\sigma(p+c)}{p(p+1)\cdots(p+c)} <$$

$$1 + \frac{1}{p} + \sum_{c=1}^{\infty} \frac{(p+c+1)}{2p(p+1)\cdots(p+c-1)} <$$

$$1 + \frac{1}{p} + \sum_{c=1}^{\infty} \frac{p+2}{2p^c} = 1 + \frac{1}{p} + \frac{p+2}{2(p-1)}$$

因为 $p > 6$,由上式得

$$1 < k < 1 + \frac{1}{p} + \frac{p-1}{p} = 2$$

由于 $(p-1)!\, h$ 和 $(p-1)!\sum_{n=1}^{p-1}\frac{\sigma(n)}{n!}$ 都是整数,而 k 不是整数,故 (1) 不成立,这便证明了 $\sum_{n=1}^{\infty}\frac{\sigma(n)}{n!}$ 是无理数.

87. 设 $N > 0$,如果 $\sigma(N) = 2N$,N 叫做一个完全数,证明
1) 平方数不是完全数.
2) 如果完全数 N 为无平方因子数(即对于任给的 $a > 1, a^2 \nmid N$),则必有 $N = 6$.

证 1) 若不然,可设 $N = p_1^{2\alpha_1} p_2^{2\alpha_2} \cdots p_s^{2\alpha_s}, \alpha_i \geq 0, p_i$ 是素数,$i = 1, 2, \cdots, s, p_1 < p_2 < \cdots < p_s$,故

$$\sigma(N) = (p_1^{2\alpha_1} + \cdots + 1)\cdots(p_s^{2\alpha_s} + \cdots + 1)$$

其中每一个因子 $(p_i^{2\alpha_i} + \cdots + 1)$ 都是奇数,故 $\sigma(N)$ 是奇数. 所以 N 不是完全数.

2) 可设 $N = p_1 p_2 \cdots p_s, p_i$ 是素数 $(i = 1, 2, \cdots, s), p_1 < p_2 < \cdots < p_s$,故

$$\sigma(N) = (p_1 + 1)(p_2 + 1)\cdots(p_s + 1)$$

如果

$$\sigma(N) = 2N \tag{1}$$

$s = 1$ 时,$p_1 + 1 = 2p_1$,得 $p_1 = 1$,不可能. 当 $s \geq 2$ 时,如果 N 是奇数,即 p_i 都是奇素数时,可得 $4 \mid \sigma(N)$ 即 $4 \mid 2N$,与 N 奇矛盾. 故 N 必是偶数. 当 $s = 2$ 时得 $N = 6$. 当 $s = 3$ 时,由于

$$\sigma(N) = 3(p_1 + 1)(p_2 + 1) = 2 \cdot 2p_1 p_2$$

易知无解. 当 $s > 3$ 时,由 $8 \mid \sigma(N)$ 得 $4 \mid N$,与假设 N 无平方因子矛盾. 因此 $N = 6$.

88. 如果 $n > 0$ 适合

$$\sigma(n) = 2n + 1$$

则 n 是一个奇数的平方.

证 设 $n = 2^\alpha p_1^{\alpha_1} p_2^{\alpha_2} \cdots p_k^{\alpha_k}, \alpha \geq 0, p_1 < p_2 < \cdots < p_k, p_i$ 是奇素数,$\alpha_i \geq 0$, $i = 1, 2, \cdots, k$,由 $\sigma(n)$ 的公式不难知道,当 $(m, n) = 1$ 时,$\sigma(mn) = \sigma(m)\sigma(n)$. 则有

$$\sigma(n) = \sigma(2^\alpha)\sigma(p_1^{\alpha_1})\sigma(p_2^{\alpha_2})\cdots\sigma(p_k^{\alpha_k}) = 2n + 1 \tag{1}$$

因为
$$\sigma(p_i^{\alpha_i}) = 1 + p_i + \cdots + p_i^{\alpha_i}$$
由式(1)右是奇数可知必须有 α_i 是偶数才能使所有 $\sigma(p_i^{\alpha_i})$ 是奇数,故 $2 \mid \alpha$. 故可设 $n = 2^\alpha M^2, 2 \nmid M$,代入 $\sigma(n) = 2n + 1$ 得
$$\sigma(n) = 2^{\alpha+1} M^2 + 1 \tag{2}$$
而 $\sigma(2^\alpha M^2) = \sigma(2^\alpha)\sigma(M^2) = (2^{\alpha+1} - 1)\sigma(M^2)$,代入(2) 得
$$(2^{\alpha+1} - 1)\sigma(M^2) = 2^{\alpha+1} M^2 + 1 =$$
$$(2^{\alpha+1} - 1)M^2 + M^2 + 1 \tag{3}$$
对(3) 取模 $2^{\alpha+1} - 1$ 可得
$$M^2 + 1 \equiv 0 \pmod{2^{\alpha+1} - 1} \tag{4}$$
如果 $\alpha > 0, 2^{\alpha+1} - 1 \equiv 3 \pmod 4$,则至少有一个 $2^{\alpha+1} - 1$ 的素因数 p 存在且 $p \equiv 3 \pmod 4$. 由(4)
$$M^2 + 1 \equiv 0 \pmod p$$
上式与 $\left(\dfrac{-1}{p}\right) = -1$ 矛盾,故 $\alpha = 0, n = M^2$.

89. 设 $n > 1$,则
$$2^n - 1 \nmid 3^n - 1$$

证 设 $A_n = 2^n - 1, B_n = 3^n - 1$,对于 $2 \mid n$ 时,由 $3 \mid A_n$,而 $3 \nmid B_n$,故
$$A_n \nmid B_n$$
现设 $n = 2m - 1$,可得
$$A_n \equiv -5 \pmod{12} \tag{1}$$
因为每一个素数 $p > 3$,是满足以下同余式
$$p \equiv 1 \pmod{12}, \quad p \equiv -1 \pmod{12},$$
$$p \equiv 5 \pmod{12}, \quad p \equiv -5 \pmod{12}$$
中的一个. 由式(1),至少存在一个 A_n 的素因数 $q, q \equiv \pm 5 \pmod{12}$,如果 $A_n \mid B_n$,则由 $q \mid A_n$ 得 $q \mid B_n$,故
$$q \mid 3B_n = 3^{n+1} - 3$$
即
$$3^{2m} \equiv 3 \pmod q$$
故得 $\left(\dfrac{3}{q}\right) = 1$,此与 $q \equiv \pm 5 \pmod{12}$ 矛盾.

90. 设 $n > 1$,则
$$n \nmid 2^n - 1 \tag{1}$$

证 如果(1)不成立,则
$$n \mid 2^n - 1 \tag{2}$$
设 p 是 n 的素因数中最小的,δ 是 2 模 p 的次数,因为 $p > 1$,故 $\delta > 1$. 另一方面由(2)得
$$p \mid 2^n - 1$$
故 $\delta \mid n$,又由于 p 是奇素数,所以
$$p \mid 2^{p-1} - 1$$
上式得出
$$1 < \delta \leqslant p - 1 < p$$
因此有素数 p_1,使 $p_1 \mid \delta$
$$1 < p_1 \leqslant \delta < p$$
而 $p_1 \mid n$,与 p 的选择矛盾.

91. 设 p 是素数,$p > 3$,$n = \dfrac{2^{2p} - 1}{3}$,则
$$2^n - 2 \equiv 0 \pmod{n} \tag{1}$$

证 由
$$n - 1 = \frac{2^{2p} - 1}{3} - 1 = \frac{4(2^{p-1} + 1)(2^{p-1} - 1)}{3}$$
得
$$3(n - 1) = 4(2^{p-1} + 1)(2^{p-1} - 1) \tag{2}$$
因 $p > 3$,$p \mid 2^{p-1} - 1$,由(2)得
$$2p \mid n - 1 \tag{3}$$
再由(3)可推得
$$2^{2p} - 1 \mid 2^{n-1} - 1 \tag{4}$$
而 $n \mid 2^{2p} - 1$,由式(4)得
$$n \mid 2^{n-1} - 1$$
故式(1)成立.

92. 设 p 是一个奇素数,求同余式
$$x^{p-1} \equiv 1 \pmod{p^s}, \quad s \geqslant 1 \tag{1}$$
的全部解.

证 设 g 是 p^s 的一个元根. 如果 $1 \leqslant i < j \leqslant p - 1$
$$g^{ip^{s-1}} \equiv g^{jp^{s-1}} \pmod{p^s}$$
则

$$g^{ip^{s-1}}(g^{(j-i)p^{s-1}} - 1) \equiv 0 \pmod{p^s}$$

故

$$g^{(j-i)p^{s-1}} \equiv 1 \pmod{p^s} \tag{2}$$

由于 g 是 p^s 的元根,式(2)得出

$$p^{s-1}(p-1) \mid (j-i)p^{s-1}$$

由上式可得 $p-1 \mid j-i$,与 $1 \leq i < j \leq p-1$ 矛盾,因此

$$g^{np^{s-1}}, \quad n = 1, 2, \cdots, p-1 \tag{3}$$

中 $p-1$ 个数模 p^s 互不同余. 又由

$$(g^{np^{s-1}})^{p-1} = g^{n(p-1)p^{s-1}} \equiv 1 \pmod{p^s}$$

故(3)给出(1)的 $p-1$ 个解,又因(1)的解的个数不超过 $p-1$,所以(3)是(1)的全部解.

93. 设 $n > 1, m > 1$ 满足

$$1^n + 2^n + \cdots + m^n = (m+1)^n \tag{1}$$

则有 1) p 是 m 的任一素因数时, $p - 1 \mid n$.

2) $m = p_1 p_2 \cdots p_s$, $i \neq j$ 时, $p_i \neq p_j$, 且有

$$\frac{m}{p_i} + 1 \equiv 0 \pmod{p_i}, \quad i = 1, 2, \cdots, s \tag{2}$$

证 $p = 2$ 时,有 $p - 1 \mid n$. 设 p 是奇素数,它的元根为 g,则式(1)取模 p 可得

$$\frac{m}{p} \sum_{i=0}^{p-2} (g^n)^i \equiv 1 \pmod{p} \tag{3}$$

如果 $p - 1 \nmid n$,则 $p \nmid g^n - 1$,故存在 t 使

$$(g^n - 1)t \equiv 1 \pmod{p}$$

于是(3)得出

$$\frac{m}{p} t (g^{n(p-1)} - 1) \equiv 1 \pmod{p} \tag{4}$$

而 $g^{n(p-1)} \equiv 1 \pmod{p}$,故式(4)不能成立,这就证明了1).

2) 如果 $4 \mid m$,式(1)左端为偶数,右端为奇数,故不能成立. 现设 $p^2 \mid m$, p 是奇素数,此时由(3)得出矛盾结果 $0 \equiv 1 \pmod{p}$,故 $m = p_1 p_2 \cdots p_s$, $i \neq j$ 时 $p_i \neq p_j$. 在 $p_i = 2$ 时,式(2)成立. 现设 p_i 是奇素数,而 $p_i - 1 \mid n$,(3)得出

$$1 \equiv \frac{m}{p_i}(p_i - 1) \equiv -\frac{m}{p_i} \pmod{p_i}, \quad i = 1, 2, \cdots, s$$

故(2)成立.

注 曾猜测(1)不能成立,但尚未解决. 我们曾证明 $1 \leq s \leq 6$ 时,(2)有解.

94. 设 $n > 0$,对任意的 $x,y, (x,y) = 1$,则
$$x^{2^n} + y^{2^n}$$
的每一个奇因数具有形状 $2^{n+1}k + 1, k > 0$.

证 只须证明 $x^{2^n} + y^{2^n}$ 的每一个奇素因数具有形状 $2^{n+1}k + 1$. 设
$$x^{2^n} + y^{2^n} \equiv 0 \pmod{p} \tag{1}$$
$p > 2$ 是素数,由于 $(x,y) = 1$,可设 $p \nmid x, p \nmid y$,于是存在整数 $y', p \nmid y'$,使得
$$yy' \equiv 1 \pmod{p}$$
从式(1)得
$$(y'x)^{2^n} \equiv -1 \pmod{p} \tag{2}$$
设 $y'x$ 模 p 的次数是 l,由(2)得
$$(y'x)^{2^{n+1}} \equiv 1 \pmod{p}$$
故 $l \mid 2^{n+1}, l = 2^s, 1 \leq s \leq n+1$,如果 $s < n+1$,由(2)得 $1 \equiv -1 \pmod{p}$,与 $p > 2$ 矛盾. 所以 $l = 2^{n+1}$,而 $(y'x, p) = 1$
$$(y'x)^{p-1} \equiv 1 \pmod{p} \tag{3}$$
由(3)得
$$2^{n+1} \mid p - 1$$
即 p 具有形状 $p = 2^{n+1}k + 1, k \geq 1$.

95. 设 $F_n = 2^{2^n} + 1, n > 1$,则 F_n 的任一素因数 p 具有形状 $p = 2^{n+2}k + 1, k > 0$.

证 因为
$$2^{2^n} \equiv -1 \pmod{p}$$
由94题的结果,可设
$$p = 2^{n+1}h + 1, \quad h > 0 \tag{1}$$
由 $n > 1$,式(1)推出 $p \equiv 1 \pmod{8}$,故 $\left(\dfrac{2}{p}\right) = 1, 2^{\frac{p-1}{2}} \equiv 1 \pmod{p}$,故
$$1 \equiv 2^{2^n h} \equiv (-1)^h \pmod{p}$$
故 $h \equiv 0 \pmod 2$,设 $h = 2k$,便得 $p = 2^{n+2}k + 1$.

96. 设 $n = 2^h + 1, h > 1$,则 n 是素数的充分必要条件是
$$3^{\frac{n-1}{2}} \equiv -1 \pmod{n} \tag{1}$$
证 如果 $n = 2^h + 1, h > 1, n$ 是素数,则 $n \equiv 1 \pmod 4, h \equiv 0 \pmod 2$
$$\left(\frac{3}{2^h+1}\right) = \left(\frac{2^h+1}{3}\right) = \left(\frac{2}{3}\right) = -1$$
故(1)成立.

反过来,如果(1)成立,即得 $3^{n-1} \equiv 1 \pmod{n}$,设 3 对模 n 的次数是 l,则有 $l \mid n-1 = 2^h$,设 $l < n-1$,可设 $l = 2^\lambda, \lambda \leq h-1$,与(1)矛盾,故 $l = n-1$,又由 $3 \nmid n, 3^{\varphi(n)} \equiv 1 \pmod{n}$,得 $n-1 \mid \varphi(n)$,于是 $\varphi(n) = n-1, n$ 是素数.

97. 设 $p \neq 2,3,5,11,17$ 是一个素数,则存在 p 的三个不同的二次剩余 r_1, r_2, r_3,使得

$$r_1 + r_2 + r_3 \equiv 0 \pmod{p} \tag{1}$$

证 $p = 7$ 时, $1 + 2 + 4 \equiv 0 \pmod{7}$; $p = 13$ 时,

$$\left(\frac{3}{13}\right) = 1, \quad 1 + 3 + 9 \equiv 0 \pmod{13}$$

故 $p = 7, 13$ 时式(1)成立. 设 $p \geq 19$.

当 $\left(\frac{-1}{p}\right) = -1$ 时,如 $\left(\frac{2}{p}\right) = -1$,则 $\left(\frac{8}{p}\right) = -1$, $n = 4, 5, 6, 7$ 当中有一个值使

$$\left(\frac{n}{p}\right) = 1, \quad \left(\frac{n+1}{p}\right) = -1$$

成立,而 $\left(\frac{-(n+1)}{p}\right) = 1$, $1, n, -n-1$ 都是模 p 的二次剩余,且 n 为 $4,5,6,7$ 中某数时,由 $p \geq 19$ 知 $1, n, -n-1$ 中任意两个都不同余模 p,由 $1 + n + (-1-n) \equiv 0 \pmod{p}$ 知,式(1)成立.

当 $\left(\frac{-1}{p}\right) = -1$ 时,如 $\left(\frac{2}{p}\right) = 1$,设 n 是最小的正整数使

$$\left(\frac{n+1}{p}\right) = -1 \tag{2}$$

即 $1 \leq i \leq n$ 时 $\left(\frac{i}{p}\right) = 1$,而恰有 $\frac{p-1}{2}$ 个二次剩余,所以 $n \leq \frac{p-1}{2}$,如 $n = \frac{p-1}{2}$,则

$$2(n+1) = p+1, \quad 1 = \left(\frac{p+1}{p}\right) = \left(\frac{2(n+1)}{p}\right) = \left(\frac{n+1}{p}\right)$$

与(2)矛盾,所以 $n < \frac{p-1}{2}$,于是 $1, n, -n-1$ 中任意两个都模 p 不同余,由 $1 + n + (-1-n) \equiv 0 \pmod{p}$ 知(1)成立.

当 $\left(\frac{-1}{p}\right) = 1$ 时,如 $\left(\frac{5}{p}\right) = 1$,则

$$1 + 4 + (-5) \equiv 0 \pmod{p} \tag{3}$$

如 $\left(\frac{10}{p}\right) = 1$,则

$$1 + 9 + (-10) \equiv 0 \pmod{p} \tag{4}$$

如 $\left(\dfrac{10}{p}\right) = \left(\dfrac{5}{p}\right) = -1$，由 $-1 = \left(\dfrac{2\cdot 5}{p}\right) = \left(\dfrac{2}{p}\right)\left(\dfrac{5}{p}\right) = -\left(\dfrac{2}{p}\right)$，得 $\left(\dfrac{2}{p}\right) = 1$，$\left(\dfrac{8}{p}\right) = 1$，故

$$1 + 8 + (-9) \equiv 0 \pmod{p} \tag{5}$$

由于 $p \geqslant 19$，在(3),(4),(5)中的三个数都分别是模 p 的不同的二次剩余,故式(1)成立.

注 如果 r 是模 p 的一个二次非剩余,则 $\left(\dfrac{rr_i}{p}\right) = -1, i = 1,2,3$，所以也存在模 p 的三个不同的二次非剩余 R_1, R_2, R_3，使

$$R_1 + R_2 + R_3 \equiv 0 \pmod{p}$$

98. 设 $q = 2h + 1$ 是一个素数,$q \equiv 7 \pmod{8}$，则

$$\sum_{n=1}^{h} n\left(\dfrac{n}{q}\right) = 0$$

证 因为 $q \equiv 7 \pmod{8}$，故 $\left(\dfrac{2}{q}\right) = 1, \left(\dfrac{-1}{q}\right) = -1$，所以

$$\sum_{n=1}^{q-1} n\left(\dfrac{n}{q}\right) = \sum_{n=1}^{h} n\left(\dfrac{n}{q}\right) + \sum_{n=h+1}^{2h} n\left(\dfrac{n}{q}\right) =$$

$$\sum_{n=1}^{h} n\left(\dfrac{n}{q}\right) + \sum_{n=1}^{h} (q-n)\left(\dfrac{q-n}{q}\right) =$$

$$2\sum_{n=1}^{h} n\left(\dfrac{n}{q}\right) - q\sum_{n=1}^{h}\left(\dfrac{n}{q}\right)$$

另一方面

$$\sum_{n=1}^{q-1} n\left(\dfrac{n}{q}\right) = \sum_{n=1}^{h} 2n\left(\dfrac{2n}{q}\right) + \sum_{n=1}^{h} (q-2n)\left(\dfrac{q-2n}{q}\right) =$$

$$4\sum_{n=1}^{h} n\left(\dfrac{n}{q}\right) - q\sum_{n=1}^{h}\left(\dfrac{n}{q}\right)$$

故有

$$\sum_{n=1}^{h} n\left(\dfrac{n}{q}\right) = 0$$

99. 设 $m^2 > 1$，则对任意的 n,m

$$\dfrac{4n^2+1}{m^2+2}, \quad \dfrac{4n^2+1}{m^2-2}, \quad \dfrac{n^2-2}{2m^2+3}, \quad \dfrac{n^2+2}{3m^2+4}$$

没有一个是整数.

证 由于 $4n^2 + 1$ 是奇数，如果 $\dfrac{4n^2+1}{m^2 \pm 2}$ 是整数，则分别得

$$4n^2 + 1 \equiv 0 \pmod{m^2 + 2} \tag{1}$$

和

$$4n^2 + 1 \equiv 0 \pmod{m^2 - 2} \tag{2}$$

故 $m \equiv 1 \pmod 2$，$m^2 \pm 2 \equiv 3 \pmod 4$，在 $m^2 > 1$ 时，$m^2 \pm 2$ 至少有一个素因数 p，$p \equiv 3 \pmod 4$，由 (1) 和 (2) 得

$$(2n)^2 + 1 = 4n^2 + 1 \equiv 0 \pmod p$$

与 $\left(\dfrac{-1}{p}\right) = -1$ 矛盾.

如果 $\dfrac{n^2-2}{2m^2+3}$ 和 $\dfrac{n^2+2}{3m^2+4}$ 是整数，则分别得

$$n^2 - 2 \equiv 0 \pmod{2m^2 + 3} \tag{3}$$

和

$$n^2 + 2 \equiv 0 \pmod{3m^2 + 4} \tag{4}$$

由于 $2m^2 + 3 \equiv \pm 3 \pmod 8$，故 $2m^2 + 3$ 至少有一个素因数 q，$q \equiv 3 \pmod 8$ 或 $q \equiv 5 \pmod 8$，由 (3) 得

$$n^2 - 2 \equiv 0 \pmod q$$

这与 $\left(\dfrac{2}{q}\right) = -1$ 矛盾.

$2 \mid m$ 时，$3m^2 + 4 \equiv 0 \pmod 4$，(4) 得出 $n \equiv 0 \pmod 2$，$n^2 + 2 \equiv 2 \pmod 4$，故 (4) 不可能成立. $2 \nmid m$ 时，$3m^2 + 4 \equiv 7 \pmod 8$，则 $3m^2 + 4$ 至少有一个素因数 q，$q \equiv 5 \pmod 8$ 或 $q \equiv 7 \pmod 8$，由 (4) 得

$$n^2 + 2 \equiv 0 \pmod q$$

与 $\left(\dfrac{-2}{q}\right) = -1$ 矛盾. 这就证明了我们的结论.

100. 设 $p = 4n + 1$ 是一个素数，证明

$$\sum_{k=1}^{\frac{p-1}{2}} \left[\dfrac{k^2}{p}\right] = \dfrac{(p-1)(p-5)}{24}$$

证 已知 $1, 2^2, \cdots, \left(\dfrac{p-1}{2}\right)^2$ 是模 p 的全部二次剩余，由带余除法

$$k^2 = p\left[\dfrac{k^2}{p}\right] + r_k, \quad 0 < r_k < p, \quad k = 1, 2, \cdots, \dfrac{p-1}{2}$$

则 $r_k\left(k = 1, 2, \cdots, \dfrac{p-1}{2}\right)$ 是模 p 在 $1, 2, \cdots, p-1$ 中的二次剩余，因此

$$\sum_{k=1}^{\frac{p-1}{2}} r_k = \sum_{k=1}^{\frac{p-1}{2}} k^2 - p \sum_{k=1}^{\frac{p-1}{2}} \left[\frac{k^2}{p}\right] = \frac{p(p^2-1)}{24} - p \sum_{k=1}^{\frac{p-1}{2}} \left[\frac{k^2}{p}\right] \tag{1}$$

另一方面

$$\left(\frac{p-r_k}{p}\right) = 1, \quad 0 < p - r_k < p, \quad k = 1, 2, \cdots, \frac{p-1}{2}$$

故

$$\sum_{k=1}^{\frac{p-1}{2}} r_k = \sum_{k=1}^{\frac{p-1}{2}} (p - r_k)$$

即得

$$\sum_{k=1}^{\frac{p-1}{2}} r_k = \frac{p(p-1)}{4} \tag{2}$$

把(2)代入(1),因 $24 \mid p^2 - 1$,得

$$\sum_{k=1}^{\frac{p-1}{2}} \left[\frac{k^2}{p}\right] = \frac{(p-1)(p-5)}{24}$$

初等数论的一些定义和定理

第二章

§0

我们常用以下记号:

用字母 $a,b,c,\cdots$ 表示整数.

$\max(a,b)$ 表示 a,b 中较大者,$\min(a,b)$ 表示 a,b 中较小者.

$$\sum_{i=1}^{k} a_i = a_1 + a_2 + \cdots + a_k.$$

$$\sum_{i=1}^{\infty} a_i = a_1 + a_2 + \cdots,$$ 表示对无穷序列 $a_1, a_2, \cdots$ 求和.

$$\prod_{i=1}^{k} a_i = a_1 \cdot a_2 \cdot \cdots \cdot a_k,$$ 表示 k 个整数 $a_1, a_2, \cdots, a_k$ 连乘.

$n! = n \cdot (n-1) \cdot \cdots \cdot 2 \cdot 1.$

$\binom{n}{r} = \dfrac{n(n-1)\cdots(n-r+1)}{r!}$,其中 $n > 0, 1 \leq r \leq n$.

§1

任给两个整数 a,b,其中 $b>0$,如果存在一个整数 q 使得等式 $a=bq$ 成立,我们说 b 整除 a,记作 $b\mid a$,此时,a 叫做 b 的倍数,b 叫做 a 的因数.注意,因数常指正的.如果 b 不能整除 a,就记作 $b\nmid a$.

如果 $a^t\mid b, a^{t+1}\nmid b, t\geqslant 1$,记作 $a^t\parallel b$.

§2

设 a,b 是任给的两个整数,其中 $b>0$,则存在两个唯一的整数 q 和 r,使得 $a=bq+r, 0\leqslant r<b$,r 称为 a 模 b 的最小非负剩余.

§3

设 $a_1,a_2,\cdots,a_n$ 是 n 个整数 $(n\geqslant 2)$,如果整数 d 是它们之中每一个数的因数,那么 d 就叫做 $a_1,a_2,\cdots,a_n$ 的一个公因数,所有公因数中最大的叫做最大公因数,记作 $(a_1,a_2,\cdots,a_n)$.如果有 $(a_1,a_2,\cdots,a_n)=1$,就说 $a_1,a_2,\cdots,a_n$ 互素.如果 m 是这 n 个数的倍数,那么把 m 叫做这 n 个数的公倍数,一切公倍数中的最小正数叫做最小公倍数,记作 $[a_1,a_2,\cdots,a_n]$,而且 $[a_1,a_2,\cdots,a_n]\mid m$.

§4

一个大于 1 的整数,如果它的因数只有 1 和它本身,这个数就叫做素数,否则就叫复合数.任一大于 1 的整数 a 能够唯一地写成 $a=p_1^{\alpha_1}\cdot p_2^{\alpha_2}\cdot\cdots\cdot p_k^{\alpha_k}, \alpha_i>0, i=1,2,\cdots,k, p_1<p_2<\cdots<p_k$ 是素数,这个式子叫做 a 的标准分解式(整数的唯一分解定理).

§5

设 $a = p_1^{a_1} \cdot p_2^{a_2} \cdot \cdots \cdot p_s^{a_s}, a_i \geq 0, i = 1,2,\cdots,s; b = p_1^{b_1} \cdot p_2^{b_2} \cdot \cdots \cdot p_s^{b_s}, b_i \geq 0, i = 1,2,\cdots,s; p_1 < p_2 < \cdots < p_s$ 是素数. 则有

$$(a,b) = p_1^{\min(a_1,b_1)} \cdot p_2^{\min(a_2,b_2)} \cdot \cdots \cdot p_s^{\min(a_s,b_s)}$$

$$[a,b] = p_1^{\max(a_1,b_1)} \cdot p_2^{\max(a_2,b_2)} \cdot \cdots \cdot p_s^{\max(a_s,b_s)}$$

还有

$$ab = (a,b)[a,b]$$

§6

给定一个整数 $m > 0$,如果对两个整数 a,b 有 $m \mid a-b$,也就是 a,b 除 m 后的余数相同,则叫 a,b 对模 m 同余,记作 $a \equiv b (\mod m)$.

以 m 为模,可以把全体整数按照余数来分类,凡用 m 来除有相同余数的整数都归成同一类. 这样,便可把全体整数分成 m 个类

$$\{0\},\{1\},\cdots,\{m-1\}$$

叫做模 m 的剩余类,其中 $\{0\}$ 是除以 m 后余数为 0 的所有整数,$\{1\}$ 是除以 m 后余数为 1 的所有整数,等等.

如果整数 a_i 取自剩余类 $\{i\}$,$i = 0,1,\cdots,m-1$,则 $a_0,a_1,\cdots,a_{m-1}$ 叫做模 m 的一组完全剩余系.

§7

设 x 是任一实数,用 $[x]$ 来表示适合下列不等式的整数:

$$[x] \leq x < [x] + 1$$

即 $[x]$ 表示不超过 x 的最大整数.

对于任何实数 x,y,有 $[x+y] \geq [x] + [y]$.

在 $1,2,\cdots,n$ 中恰有 $\left[\dfrac{n}{m}\right]$ 个数是正整数 m 的倍数.

§ 8

设 $n > 0, \sigma(n) = \sum_{d \mid n} d$ 表示 n 的所有因数的和,设 $n = p_1^{\alpha_1} p_2^{\alpha_2} \cdots p_k^{\alpha_k}$ 是 n 的标准分解式,则有

$$\sigma(n) = \frac{p_1^{\alpha_1+1} - 1}{p_1 - 1} \cdot \frac{p_2^{\alpha_2+1} - 1}{p_2 - 1} \cdot \cdots \cdot \frac{p_k^{\alpha_k+1} - 1}{p_k - 1}$$

设 $d(n) = \sum_{d \mid n} 1$ 表示 n 的因数的个数,则有

$$d(n) = (\alpha_1 + 1) \cdot (\alpha_2 + 1) \cdot \cdots \cdot (\alpha_k + 1)$$

设 $\varphi(n)$ 表示 $0, 1, \cdots, n-1$ 中与 n 互素的数的个数,则有

$$\varphi(n) = n(1 - \frac{1}{p_1})(1 - \frac{1}{p_2}) \cdots (1 - \frac{1}{p_k})$$

§ 9

设 $m > 0, (m, a) = 1$,则 $a^{\varphi(m)} \equiv 1 \pmod{m}$;当 $m = p$ 是素数时,由于 $\varphi(p) = p - 1$,故如果 $(a, p) = 1$,则 $a^{p-1} \equiv 1 \pmod{p}$.

§ 10

设 p 是素数,a_i 是整数,$i = 0, 1, \cdots, n, p \nmid a_n$,则

$$a_n x^n + a_{n-1} x^{n-1} + \cdots + a_1 x + a_0 \equiv 0 \pmod{p}$$

解的个数 $(0 \leq x \leq p-1) \leq n$,重解已计算在内.

如果 p 是素数,则有 $(p-1)! + 1 \equiv 0 \pmod{p}$.

§ 11

设 $m > 0$,如果 $(n, m) = 1$,且同余式

$$x^2 \equiv n \pmod{m}$$

有解,就称 n 为模 m 的二次剩余;如果上面的同余式没有解,就称 n 为模 m 的二

次非剩余.

设 $p > 2$ 为素数,共有 $\frac{1}{2}(p-1)$ 个模 p 的二次剩余,$\frac{1}{2}(p-1)$ 个模 p 的二次非剩余,且

$$1^2, 2^2, \cdots, \left(\frac{1}{2}(p-1)\right)^2$$

为模 p 的全体二次剩余.

设 $p \nmid n$,Legendre 符号 $\left(\dfrac{n}{p}\right)$ 定义为

$$\left(\frac{n}{p}\right) = \begin{cases} 1, & \text{如果 } n \text{ 是模 } p \text{ 的二次剩余} \\ -1, & \text{如果 } n \text{ 是模 } p \text{ 的二次非剩余} \end{cases}$$

则有 $\left(\dfrac{n}{p}\right) \equiv n^{\frac{p-1}{2}} (\bmod p)$.

§ 12

我们有

$$\left(\frac{-1}{p}\right) = (-1)^{\frac{p-1}{2}}$$

$$\left(\frac{2}{p}\right) = (-1)^{\frac{p^2-1}{8}}$$

p 为奇素数,以及

$$\left(\frac{p}{q}\right)\left(\frac{q}{p}\right) = (-1)^{\frac{p-1}{2} \cdot \frac{q-1}{2}}$$

其中 p, q 为不同的奇素数.

§ 13

设 $(a, m) = 1, m > 0$,如果 $s > 0, a^s \equiv 1 (\bmod m)$,而对小于 s 的任意正整数 $u, a^u \not\equiv 1 (\bmod m)$,则叫 a 模 m 的次数是 s. 我们有 $s \mid \varphi(m)$,当 $s = \varphi(m)$ 时,a 叫 m 的元根.

m 有元根的充分必要条件是 $m = 2, 4, p^l, 2p^l, l \geq 1, p$ 是奇素数.

§14

设 $m_1, m_2, \cdots, m_k$ 是 k 个两两互素的正整数,$M = m_1 m_2 \cdots m_k$,$M_i = \dfrac{M}{m_i}$,$i = 1, 2, \cdots, k$,则同余式组

$$x \equiv b_1 (\bmod m_1), \quad \cdots, \quad x \equiv b_k (\bmod m_k)$$

有唯一解

$$x \equiv M'_1 M_1 b_1 + M'_2 M_2 b_2 + \cdots + M'_k M_k b_k \pmod{M}$$

其中 $M'_i M_i \equiv 1 (\bmod m_i)$,$i = 1, 2, \cdots, k$(孙子定理).

§15

在 $n!$ 的标准分解式中素因数 p 的方幂为 $\sum\limits_{r=1}^{\infty} \left[\dfrac{n}{p^r}\right]$.

刘培杰数学工作室
已出版(即将出版)图书目录——初等数学

书　名	出版时间	定　价	编号
新编中学数学解题方法全书(高中版)上卷(第2版)	2018—08	58.00	951
新编中学数学解题方法全书(高中版)中卷(第2版)	2018—08	68.00	952
新编中学数学解题方法全书(高中版)下卷(一)(第2版)	2018—08	58.00	953
新编中学数学解题方法全书(高中版)下卷(二)(第2版)	2018—08	58.00	954
新编中学数学解题方法全书(高中版)下卷(三)(第2版)	2018—08	68.00	955
新编中学数学解题方法全书(初中版)上卷	2008—01	28.00	29
新编中学数学解题方法全书(初中版)中卷	2010—07	38.00	75
新编中学数学解题方法全书(高考复习卷)	2010—01	48.00	67
新编中学数学解题方法全书(高考真题卷)	2010—01	38.00	62
新编中学数学解题方法全书(高考精华卷)	2011—03	68.00	118
新编平面解析几何解题方法全书(专题讲座卷)	2010—01	18.00	61
新编中学数学解题方法全书(自主招生卷)	2013—08	88.00	261
数学奥林匹克与数学文化(第一辑)	2006—05	48.00	4
数学奥林匹克与数学文化(第二辑)(竞赛卷)	2008—01	48.00	19
数学奥林匹克与数学文化(第二辑)(文化卷)	2008—07	58.00	36'
数学奥林匹克与数学文化(第三辑)(竞赛卷)	2010—01	48.00	59
数学奥林匹克与数学文化(第四辑)(竞赛卷)	2011—08	58.00	87
数学奥林匹克与数学文化(第五辑)	2015—06	98.00	370
世界著名平面几何经典著作钩沉——几何作图专题卷(共3卷)	2022—01	198.00	1460
世界著名平面几何经典著作钩沉——民国平面几何老课本	2011—03	38.00	113
世界著名平面几何经典著作钩沉——建国初期平面三角老课本	2015—08	38.00	507
世界著名解析几何经典著作钩沉——平面解析几何卷	2014—01	38.00	264
世界著名数论经典著作钩沉——算术卷	2012—01	28.00	125
世界著名数学经典著作钩沉——立体几何卷	2011—02	28.00	88
世界著名三角学经典著作钩沉——平面三角卷Ⅰ	2010—06	28.00	69
世界著名三角学经典著作钩沉——平面三角卷Ⅱ	2011—01	38.00	78
世界著名初等数论经典著作钩沉——理论和实用算术卷	2011—07	38.00	126
世界著名几何经典著作钩沉——解析几何卷	2022—10	68.00	1564
发展你的空间想象力(第3版)	2021—01	98.00	1464
空间想象力进阶	2019—05	68.00	1062
走向国际数学奥林匹克的平面几何试题诠释.第1卷	2019—07	88.00	1043
走向国际数学奥林匹克的平面几何试题诠释.第2卷	2019—09	78.00	1044
走向国际数学奥林匹克的平面几何试题诠释.第3卷	2019—03	78.00	1045
走向国际数学奥林匹克的平面几何试题诠释.第4卷	2019—09	98.00	1046
平面几何证明方法全书	2007—08	48.00	1
平面几何证明方法全书习题解答(第2版)	2006—12	18.00	10
平面几何天天练上卷·基础篇(直线型)	2013—01	58.00	208
平面几何天天练中卷·基础篇(涉及圆)	2013—01	28.00	234
平面几何天天练下卷·提高篇	2013—01	58.00	237
平面几何专题研究	2013—07	98.00	258
平面几何解题之道.第1卷	2022—05	38.00	1494
几何学习题集	2020—10	48.00	1217
通过解题学习代数几何	2021—04	88.00	1301
最新世界各国数学奥林匹克中的平面几何试题	2007—09	38.00	14

刘培杰数学工作室
已出版(即将出版)图书目录——初等数学

书 名	出版时间	定价	编号
数学竞赛平面几何典型题及新颖解	2010-07	48.00	74
初等数学复习及研究(平面几何)	2008-09	68.00	38
初等数学复习及研究(立体几何)	2010-06	38.00	71
初等数学复习及研究(平面几何)习题解答	2009-01	58.00	42
几何学教程(平面几何卷)	2011-03	68.00	90
几何学教程(立体几何卷)	2011-07	68.00	130
几何变换与几何证题	2010-06	88.00	70
计算方法与几何证题	2011-06	28.00	129
立体几何技巧与方法(第2版)	2022-10	168.00	1572
几何瑰宝——平面几何500名题暨1500条定理(上、下)	2021-07	168.00	1358
三角形的解法与应用	2012-07	18.00	183
近代的三角形几何学	2012-07	48.00	184
一般折线几何学	2015-08	48.00	503
三角形的五心	2009-06	28.00	51
三角形的六心及其应用	2015-10	68.00	542
三角形趣谈	2012-08	28.00	212
解三角形	2014-01	28.00	265
三角函数	2024-10	38.00	1744
探秘三角形:一次数学旅行	2021-10	68.00	1387
三角学专门教程	2014-09	28.00	387
图天下几何新题试卷.初中(第2版)	2017-11	58.00	855
圆锥曲线习题集(上册)	2013-06	68.00	255
圆锥曲线习题集(中册)	2015-01	78.00	434
圆锥曲线习题集(下册·第1卷)	2016-10	78.00	683
圆锥曲线习题集(下册·第2卷)	2018-01	98.00	853
圆锥曲线习题集(下册·第3卷)	2019-10	128.00	1113
圆锥曲线的思想方法	2021-08	48.00	1379
圆锥曲线的八个主要问题	2021-10	48.00	1415
圆锥曲线的奥秘	2022-06	88.00	1541
论九点圆	2015-05	88.00	645
论圆的几何学	2024-06	48.00	1736
近代欧氏几何学	2012-03	48.00	162
罗巴切夫斯基几何学及几何基础概要	2012-07	28.00	188
罗巴切夫斯基几何学初步	2015-06	28.00	474
用三角、解析几何、复数、向量计算解数学竞赛几何题	2015-03	48.00	455
用解析法研究圆锥曲线的几何理论	2022-05	48.00	1495
美国中学几何教程	2015-04	88.00	458
三线坐标与三角形特征点	2015-04	98.00	460
坐标几何学基础.第1卷,笛卡儿坐标	2021-08	48.00	1398
坐标几何学基础.第2卷,三线坐标	2021-09	28.00	1399
平面解析几何方法与研究(第1卷)	2015-05	28.00	471
平面解析几何方法与研究(第2卷)	2015-06	38.00	472
平面解析几何方法与研究(第3卷)	2015-07	28.00	473
解析几何研究	2015-01	38.00	425
解析几何学教程.上	2016-01	38.00	574
解析几何学教程.下	2016-01	38.00	575
几何学基础	2016-01	58.00	581
初等几何研究	2015-02	58.00	444
十九和二十世纪欧氏几何学中的片段	2017-01	58.00	696
平面几何中考.高考.奥数一本通	2017-07	28.00	820
几何学简史	2017-08	28.00	833
四面体	2018-01	48.00	880
平面几何证明方法思路	2018-12	68.00	913
折纸中的几何练习	2022-09	48.00	1559
中学新几何学(英文)	2022-10	98.00	1562
线性代数与几何	2023-04	68.00	1633
四面体几何学引论	2023-06	68.00	1648

— 2 —

刘培杰数学工作室
已出版(即将出版)图书目录——初等数学

书　　名	出版时间	定　价	编号
平面几何图形特性新析.上篇	2019—01	68.00	911
平面几何图形特性新析.下篇	2018—06	88.00	912
平面几何范例多解探究.上篇	2018—04	48.00	910
平面几何范例多解探究.下篇	2018—12	68.00	914
从分析解题过程学解题：竞赛中的几何问题研究	2018—07	68.00	946
从分析解题过程学解题：竞赛中的向量几何与不等式研究(全2册)	2019—06	138.00	1090
从分析解题过程学解题：竞赛中的不等式问题	2021—01	48.00	1249
二维、三维欧氏几何的对偶原理	2018—12	38.00	990
星形大观及闭折线论	2019—03	68.00	1020
立体几何的问题和方法	2019—11	58.00	1127
三角代换论	2021—05	58.00	1313
俄罗斯平面几何问题集	2009—08	88.00	55
俄罗斯立体几何问题集	2014—03	58.00	283
俄罗斯几何大师——沙雷金论数学及其他	2014—01	48.00	271
来自俄罗斯的5000道几何习题及解答	2011—03	58.00	89
俄罗斯初等数学问题集	2012—05	38.00	177
俄罗斯函数问题集	2011—03	38.00	103
俄罗斯组合分析问题集	2011—01	48.00	79
俄罗斯初等数学万题选——三角卷	2012—11	38.00	222
俄罗斯初等数学万题选——代数卷	2013—07	68.00	225
俄罗斯初等数学万题选——几何卷	2014—01	68.00	226
俄罗斯《量子》杂志数学征解问题100题选	2018—08	48.00	969
俄罗斯《量子》杂志数学征解问题又100题选	2018—08	48.00	970
俄罗斯《量子》杂志数学征解问题	2020—05	48.00	1138
463个俄罗斯几何老问题	2012—01	28.00	152
《量子》数学短文精粹	2018—09	38.00	972
用三角、解析几何等计算解来自俄罗斯的几何题	2019—11	88.00	1119
基谢廖夫平面几何	2022—01	48.00	1461
基谢廖夫立体几何	2023—04	48.00	1599
数学：代数、数学分析和几何(10—11年级)	2021—01	48.00	1250
直观几何学：5—6年级	2022—04	58.00	1508
几何学：第2版.7—9年级	2023—08	68.00	1684
平面几何：9—11年级	2022—10	48.00	1571
立体几何.10—11年级	2022—01	58.00	1472
几何快递	2024—05	48.00	1697

谈谈素数	2011—03	18.00	91
平方和	2011—03	18.00	92
整数论	2011—05	38.00	120
从整数谈起	2015—10	28.00	538
数与多项式	2016—01	38.00	558
谈谈不定方程	2011—05	28.00	119
质数漫谈	2022—07	68.00	1529

解析不等式新论	2009—06	68.00	48
建立不等式的方法	2011—03	98.00	104
数学奥林匹克不等式研究(第2版)	2020—07	68.00	1181
不等式研究(第三辑)	2023—08	198.00	1673
不等式的秘密(第一卷)(第2版)	2014—02	38.00	286
不等式的秘密(第二卷)	2014—01	38.00	268
初等不等式的证明方法	2010—06	38.00	123
初等不等式的证明方法(第二版)	2014—11	38.00	407
不等式・理论・方法(基础卷)	2015—07	38.00	496
不等式・理论・方法(经典不等式卷)	2015—07	38.00	497
不等式・理论・方法(特殊类型不等式卷)	2015—07	48.00	498
不等式探究	2016—03	38.00	582
不等式探秘	2017—01	88.00	689

刘培杰数学工作室
已出版（即将出版）图书目录——初等数学

书　名	出版时间	定　价	编号
四面体不等式	2017—01	68.00	715
数学奥林匹克中常见重要不等式	2017—09	38.00	845
三正弦不等式	2018—09	98.00	974
函数方程与不等式：解法与稳定性结果	2019—04	68.00	1058
数学不等式．第1卷，对称多项式不等式	2022—05	78.00	1455
数学不等式．第2卷，对称有理不等式与对称无理不等式	2022—05	88.00	1456
数学不等式．第3卷，循环不等式与非循环不等式	2022—05	88.00	1457
数学不等式．第4卷，Jensen不等式的扩展与加细	2022—05	88.00	1458
数学不等式．第5卷，创建不等式与解不等式的其他方法	2022—05	88.00	1459
不定方程及其应用．上	2018—12	58.00	992
不定方程及其应用．中	2019—01	78.00	993
不定方程及其应用．下	2019—02	98.00	994
Nesbitt不等式加强式的研究	2022—06	128.00	1527
最值定理与分析不等式	2023—02	78.00	1567
一类积分不等式	2023—02	88.00	1579
邦费罗尼不等式及概率应用	2023—05	58.00	1637
同余理论	2012—05	38.00	163
[x]与{x}	2015—04	48.00	476
极值与最值．上卷	2015—06	28.00	486
极值与最值．中卷	2015—06	38.00	487
极值与最值．下卷	2015—06	28.00	488
整数的性质	2012—11	38.00	192
完全平方数及其应用	2015—08	78.00	506
多项式理论	2015—10	88.00	541
奇数、偶数、奇偶分析法	2018—01	98.00	876
历届美国中学生数学竞赛试题及解答(第1卷)1950～1954	2014—07	18.00	277
历届美国中学生数学竞赛试题及解答(第2卷)1955～1959	2014—04	18.00	278
历届美国中学生数学竞赛试题及解答(第3卷)1960～1964	2014—06	18.00	279
历届美国中学生数学竞赛试题及解答(第4卷)1965～1969	2014—04	28.00	280
历届美国中学生数学竞赛试题及解答(第5卷)1970～1972	2014—06	18.00	281
历届美国中学生数学竞赛试题及解答(第6卷)1973～1980	2017—07	18.00	768
历届美国中学生数学竞赛试题及解答(第7卷)1981～1986	2015—01	18.00	424
历届美国中学生数学竞赛试题及解答(第8卷)1987～1990	2017—05	18.00	769
历届国际数学奥林匹克试题集	2023—09	158.00	1701
历届中国数学奥林匹克试题集(第3版)	2021—10	58.00	1440
历届加拿大数学奥林匹克试题集	2012—08	38.00	215
历届美国数学奥林匹克试题集	2023—08	98.00	1681
历届波兰数学竞赛试题集．第1卷，1949～1963	2015—03	18.00	453
历届波兰数学竞赛试题集．第2卷，1964～1976	2015—03	18.00	454
历届巴尔干数学奥林匹克试题集	2015—05	38.00	466
历届CGMO试题及解答	2024—03	48.00	1717
保加利亚数学奥林匹克	2014—10	38.00	393
圣彼得堡数学奥林匹克试题集	2015—01	38.00	429
匈牙利奥林匹克数学竞赛题解．第1卷	2016—05	28.00	593
匈牙利奥林匹克数学竞赛题解．第2卷	2016—05	28.00	594
历届美国数学邀请赛试题集(第2版)	2017—10	78.00	851
全美高中数学竞赛：纽约州数学竞赛(1989—1994)	2024—08	48.00	1740
普林斯顿大学数学竞赛	2016—06	38.00	669
亚太地区数学奥林匹克竞赛题	2015—07	18.00	492
日本历届（初级）广中杯数学竞赛试题及解答．第1卷(2000～2007)	2016—05	28.00	641
日本历届（初级）广中杯数学竞赛试题及解答．第2卷(2008～2015)	2016—05	38.00	642
越南数学奥林匹克题选：1962—2009	2021—07	48.00	1370
罗马尼亚大师杯数学竞赛试题及解答	2024—09	48.00	1746
欧洲女子数学奥林匹克	2024—04	48.00	1723
360个数学竞赛问题	2016—08	58.00	677

刘培杰数学工作室
已出版(即将出版)图书目录——初等数学

书　名	出版时间	定　价	编号
奥数最佳实战题.上卷	2017—06	38.00	760
奥数最佳实战题.下卷	2017—05	58.00	761
解决问题的策略	2024—08	48.00	1742
哈尔滨市早期中学数学竞赛试题汇编	2016—07	28.00	672
全国高中数学联赛试题及解答:1981—2019(第4版)	2020—07	138.00	1176
2024年全国高中数学联合竞赛模拟题集	2024—01	38.00	1702
20世纪50年代全国部分城市数学竞赛试题汇编	2017—07	28.00	797
国内外数学竞赛题及精解:2018—2019	2020—08	45.00	1192
国内外数学竞赛题及精解:2019—2020	2021—11	58.00	1439
许康华竞赛优学精选集.第一辑	2018—08	68.00	949
天问叶班数学问题征解100题.Ⅰ,2016—2018	2019—05	88.00	1075
天问叶班数学问题征解100题.Ⅱ,2017—2019	2020—07	98.00	1177
美国初中数学竞赛:AMC8准备(共6卷)	2019—07	138.00	1089
美国高中数学竞赛:AMC10准备(共6卷)	2019—08	158.00	1105
王连笑教你怎样学数学:高考选择题解题策略与客观题实用训练	2014—01	48.00	262
王连笑教你怎样学数学:高考数学高层次讲座	2015—02	48.00	432
高考数学的理论与实践	2009—08	38.00	53
高考数学核心题型解题方法与技巧	2010—01	28.00	86
高考思维新平台	2014—03	38.00	259
高考数学压轴题解题诀窍(上)(第2版)	2018—01	58.00	874
高考数学压轴题解题诀窍(下)(第2版)	2018—01	48.00	875
突破高考数学新定义创新压轴题	2024—08	88.00	1741
北京市五区文科数学三年高考模拟题详解:2013～2015	2015—08	48.00	500
北京市五区理科数学三年高考模拟题详解:2013～2015	2015—09	68.00	505
向量法巧解数学高考题	2009—08	28.00	54
高中数学课堂教学的实践与反思	2021—11	48.00	791
数学高考参考	2016—01	78.00	589
新课程标准高考数学解答题各种题型解法指导	2020—08	78.00	1196
全国及各省市高考数学试题审题要津与解法研究	2015—02	48.00	450
高中数学章节起始课的教学研究与案例设计	2019—05	28.00	1064
新课标高考数学——五年试题分章详解(2007～2011)(上、下)	2011—10	78.00	140,141
全国中考数学压轴题审题要津与解法研究	2013—04	78.00	248
新编全国及各省市中考数学压轴题审题要津与解法研究	2014—05	58.00	342
全国及各省市5年中考数学压轴题审题要津与解法研究(2015版)	2015—04	58.00	462
中考数学专题总复习	2007—04	28.00	6
中考数学较难题常考题型解题方法与技巧	2016—09	48.00	681
中考数学难题常考题型解题方法与技巧	2016—09	48.00	682
中考数学中档题常考题型解题方法与技巧	2017—08	68.00	835
中考数学选择填空压轴好题妙解365	2024—01	80.00	1698
中考数学:三类重点考题的解法例析与习题	2020—04	48.00	1140
中小学数学的历史文化	2019—11	48.00	1124
小升初衔接数学	2024—06	68.00	1734
赢在小升初——数学	2024—08	78.00	1739
初中平面几何百题多思创新解	2020—01	58.00	1125
初中数学中考备考	2020—01	58.00	1126
高考数学之九章演义	2019—08	68.00	1044
高考数学之难题谈笑间	2022—06	68.00	1519
化学可以这样学:高中化学知识方法智慧感悟疑难辨析	2019—07	58.00	1103
如何成为学习高手	2019—09	58.00	1107
高考数学:经典真题分类解析	2020—04	78.00	1134
高考数学解答题破解策略	2020—11	58.00	1221
从分析解题过程学解题:高考压轴题与竞赛题之关系探究	2020—08	88.00	1179
从分析解题过程学解题:数学高考与竞赛的互联互通探究	2024—06	88.00	1735
教学新思考:单元整体视角下的初中数学教学设计	2021—03	58.00	1278
思维再拓展:2020年经典几何题的多解探究与思考	即将出版		1279
中考数学小压轴汇编初讲	2017—07	48.00	788
中考数学大压轴专题微言	2017—09	48.00	846

刘培杰数学工作室
已出版(即将出版)图书目录——初等数学

书　名	出版时间	定　价	编号
怎么解中考平面几何探索题	2019—06	48.00	1093
北京中考数学压轴题解题方法突破(第9版)	2024—01	78.00	1645
助你高考成功的数学解题智慧:知识是智慧的基础	2016—01	58.00	596
助你高考成功的数学解题智慧:错误是智慧的试金石	2016—04	58.00	643
助你高考成功的数学解题智慧:方法是智慧的推手	2016—04	68.00	657
高考数学奇思妙解	2016—04	38.00	610
高考数学解题策略	2016—05	48.00	670
数学解题泄天机(第2版)	2017—10	48.00	850
高中物理教学讲义	2018—01	48.00	871
高中物理教学讲义:全模块	2022—03	98.00	1492
高中物理答疑解惑65篇	2021—11	48.00	1462
中学物理基础问题解析	2020—08	48.00	1183
初中数学、高中数学脱节知识补缺教材	2017—06	48.00	766
高考数学客观题解题方法和技巧	2017—10	38.00	847
十年高考数学精品试题审题要津与解法研究	2021—10	98.00	1427
中国历届高考数学试题及解答. 1949—1979	2018—01	38.00	877
历届中国高考数学试题及解答. 第二卷,1980—1989	2018—10	28.00	975
历届中国高考数学试题及解答. 第三卷,1990—1999	2018—10	48.00	976
跟我学解高中数学题	2018—07	58.00	926
中学数学研究的方法及案例	2018—05	58.00	869
高考数学抢分技能	2018—07	68.00	934
高一新生常用数学方法和重要数学思想提升教材	2018—06	38.00	921
高考数学全国卷六道解答题常考题型解题诀窍:理科(全2册)	2019—07	78.00	1101
高考数学全国卷16道选择、填空题常考题型解题诀窍.理科	2018—09	88.00	971
高考数学全国卷16道选择、填空题常考题型解题诀窍.文科	2020—01	88.00	1123
高中数学一题多解	2019—06	58.00	1087
历届中国高考数学试题及解答:1917—1999	2021—08	118.00	1371
2000～2003年全国及各省市高考数学试题及解答	2022—05	88.00	1499
2004年全国及各省市高考数学试题及解答	2023—08	78.00	1500
2005年全国及各省市高考数学试题及解答	2023—08	78.00	1501
2006年全国及各省市高考数学试题及解答	2023—08	88.00	1502
2007年全国及各省市高考数学试题及解答	2023—08	98.00	1503
2008年全国及各省市高考数学试题及解答	2023—08	88.00	1504
2009年全国及各省市高考数学试题及解答	2023—08	88.00	1505
2010年全国及各省市高考数学试题及解答	2023—08	98.00	1506
2011～2017年全国及各省市高考数学试题及解答	2024—01	78.00	1507
2018～2023年全国及各省市高考数学试题及解答	2024—03	78.00	1709
突破高原:高中数学解题思维探究	2021—08	48.00	1375
高考数学中的"取值范围"	2021—10	48.00	1429
新课程标准高中数学各种题型解法大全.必修一分册	2021—06	58.00	1315
新课程标准高中数学各种题型解法大全.必修二分册	2022—01	68.00	1471
高中数学各种题型解法大全.选择性必修一分册	2022—06	68.00	1525
高中数学各种题型解法大全.选择性必修二分册	2023—01	58.00	1600
高中数学各种题型解法大全.选择性必修三分册	2023—04	48.00	1643
高中数学专题研究	2024—05	88.00	1722
历届全国初中数学竞赛经典试题详解	2023—04	88.00	1624
孟祥礼高考数学精刷精讲	2023—06	98.00	1663
新编640个世界著名数学智力趣题	2014—01	88.00	242
500个最新世界著名数学智力趣题	2008—06	48.00	3
400个最新世界著名数学最值问题	2008—09	48.00	36
500个世界著名数学征解问题	2009—06	48.00	52
400个中国最佳初等数学征解老问题	2010—01	48.00	60
500个俄罗斯数学经典老题	2011—01	28.00	81
1000个国外中学物理好题	2012—04	48.00	174
300个日本高考数学题	2012—05	38.00	142
700个早期日本高考数学试题	2017—02	88.00	752

— 6 —

刘培杰数学工作室
已出版(即将出版)图书目录——初等数学

书　　名	出版时间	定　价	编号
500个前苏联早期高考数学试题及解答	2012—05	28.00	185
546个早期俄罗斯大学生数学竞赛题	2014—03	38.00	285
548个来自美苏的数学好问题	2014—11	28.00	396
20所苏联著名大学早期入学试题	2015—02	18.00	452
161道德国工科大学生必做的微分方程习题	2015—05	28.00	469
500个德国工科大学生必做的高数习题	2015—06	28.00	478
360个数学竞赛问题	2016—08	58.00	677
200个趣味数学故事	2018—02	48.00	857
470个数学奥林匹克中的最值问题	2018—10	88.00	985
德国讲义日本考题. 微积分卷	2015—04	48.00	456
德国讲义日本考题. 微分方程卷	2015—04	38.00	457
二十世纪中叶中、英、美、日、法、俄高考数学试题精选	2017—06	38.00	783
中国初等数学研究　2009卷(第1辑)	2009—05	20.00	45
中国初等数学研究　2010卷(第2辑)	2010—05	30.00	68
中国初等数学研究　2011卷(第3辑)	2011—07	60.00	127
中国初等数学研究　2012卷(第4辑)	2012—07	48.00	190
中国初等数学研究　2014卷(第5辑)	2014—02	48.00	288
中国初等数学研究　2015卷(第6辑)	2015—06	68.00	493
中国初等数学研究　2016卷(第7辑)	2016—04	68.00	609
中国初等数学研究　2017卷(第8辑)	2017—01	98.00	712
初等数学研究在中国. 第1辑	2019—03	158.00	1024
初等数学研究在中国. 第2辑	2019—10	158.00	1116
初等数学研究在中国. 第3辑	2021—05	158.00	1306
初等数学研究在中国. 第4辑	2022—06	158.00	1520
初等数学研究在中国. 第5辑	2023—07	158.00	1635
几何变换(Ⅰ)	2014—07	28.00	353
几何变换(Ⅱ)	2015—06	28.00	354
几何变换(Ⅲ)	2015—01	38.00	355
几何变换(Ⅳ)	2015—12	38.00	356
初等数论难题集(第一卷)	2009—05	68.00	44
初等数论难题集(第二卷)(上、下)	2011—02	128.00	82,83
数论概貌	2011—03	18.00	93
代数数论(第二版)	2013—08	58.00	94
代数多项式	2014—06	38.00	289
初等数论的知识与问题	2011—02	28.00	95
超越数论基础	2011—03	28.00	96
数论初等教程	2011—03	28.00	97
数论基础	2011—03	18.00	98
数论基础与维诺格拉多夫	2014—03	18.00	292
解析数论基础	2012—08	28.00	216
解析数论基础(第二版)	2014—01	48.00	287
解析数论问题集(第二版)(原版引进)	2014—05	88.00	343
解析数论问题集(第二版)(中译本)	2016—04	88.00	607
解析数论基础(潘承洞,潘承彪著)	2016—07	98.00	673
解析数论导引	2016—07	58.00	674
数论入门	2011—03	38.00	99
代数数论入门	2015—03	38.00	448

刘培杰数学工作室
已出版(即将出版)图书目录——初等数学

书　　名	出版时间	定　价	编号
数论开篇	2012—07	28.00	194
解析数论引论	2011—03	48.00	100
Barban Davenport Halberstam 均值和	2009—01	40.00	33
基础数论	2011—03	28.00	101
初等数论 100 例	2011—05	18.00	122
初等数论经典例题	2012—07	18.00	204
最新世界各国数学奥林匹克中的初等数论试题(上、下)	2012—01	138.00	144,145
初等数论(Ⅰ)	2012—01	18.00	156
初等数论(Ⅱ)	2012—01	18.00	157
初等数论(Ⅲ)	2012—01	28.00	158
平面几何与数论中未解决的新老问题	2013—01	68.00	229
代数数论简史	2014—11	28.00	408
代数数论	2015—09	88.00	532
代数、数论及分析习题集	2016—11	98.00	695
数论导引提要及习题解答	2016—01	48.00	559
素数定理的初等证明.第 2 版	2016—09	48.00	686
数论中的模函数与狄利克雷级数(第二版)	2017—11	78.00	837
数论:数学导引	2018—01	68.00	849
范氏大代数	2019—02	98.00	1016
解析数学讲义.第一卷,导来式及微分、积分、级数	2019—04	88.00	1021
解析数学讲义.第二卷,关于几何的应用	2019—04	68.00	1022
解析数学讲义.第三卷,解析函数论	2019—04	78.00	1023
分析・组合・数论纵横谈	2019—04	58.00	1039
Hall 代数:民国时期的中学数学课本:英文	2019—08	88.00	1106
基谢廖夫初等代数	2022—07	38.00	1531
基谢廖夫算术	2024—05	48.00	1725
数学精神巡礼	2019—01	58.00	731
数学眼光透视(第 2 版)	2017—06	78.00	732
数学思想领悟(第 2 版)	2018—01	68.00	733
数学方法溯源(第 2 版)	2018—08	68.00	734
数学解题引论	2017—05	58.00	735
数学史话览胜(第 2 版)	2017—01	48.00	736
数学应用展观(第 2 版)	2017—08	68.00	737
数学建模尝试	2018—04	48.00	738
数学竞赛采风	2018—01	68.00	739
数学测评探营	2019—05	58.00	740
数学技能操握	2018—03	48.00	741
数学欣赏拾趣	2018—02	48.00	742
从毕达哥拉斯到怀尔斯	2007—10	48.00	9
从迪利克雷到维斯卡尔迪	2008—01	48.00	21
从哥德巴赫到陈景润	2008—05	98.00	35
从庞加莱到佩雷尔曼	2011—08	138.00	136
博弈论精粹	2008—03	58.00	30
博弈论精粹.第二版(精装)	2015—01	88.00	461
数学 我爱你	2008—01	28.00	20
精神的圣徒 别样的人生——60 位中国数学家成长的历程	2008—09	48.00	39
数学史概论	2009—06	78.00	50

刘培杰数学工作室
已出版(即将出版)图书目录——初等数学

书 名	出版时间	定价	编号
数学史概论(精装)	2013—03	158.00	272
数学史选讲	2016—01	48.00	544
斐波那契数列	2010—02	28.00	65
数学拼盘和斐波那契魔方	2010—07	38.00	72
斐波那契数列欣赏(第2版)	2018—08	58.00	948
Fibonacci数列中的明珠	2018—06	58.00	928
数学的创造	2011—02	48.00	85
数学美与创造力	2016—01	48.00	595
数海拾贝	2016—01	48.00	590
数学中的美(第2版)	2019—04	68.00	1057
数论中的美学	2014—12	38.00	351
数学王者 科学巨人——高斯	2015—01	28.00	428
振兴祖国数学的圆梦之旅:中国初等数学研究史话	2015—06	98.00	490
二十世纪中国数学史料研究	2015—10	48.00	536
《九章算法比类大全》校注	2024—06	198.00	1695
数字谜、数阵图与棋盘覆盖	2016—01	58.00	298
数学概念的进化:一个初步的研究	2023—07	68.00	1683
数学发现的艺术:数学探索中的合情推理	2016—07	58.00	671
活跃在数学中的参数	2016—07	48.00	675
数海趣史	2021—05	98.00	1314
玩转幻中之幻	2023—08	88.00	1682
数学艺术品	2023—09	98.00	1685
数学博弈与游戏	2023—10	68.00	1692
数学解题——靠数学思想给力(上)	2011—07	38.00	131
数学解题——靠数学思想给力(中)	2011—07	48.00	132
数学解题——靠数学思想给力(下)	2011—07	38.00	133
我怎样解题	2013—01	48.00	227
数学解题中的物理方法	2011—06	28.00	114
数学解题的特殊方法	2011—06	48.00	115
中学数学计算技巧(第2版)	2020—10	48.00	1220
中学数学证明方法	2012—01	58.00	117
数学趣题巧解	2012—03	28.00	128
高中数学教学通鉴	2015—05	58.00	479
和高中生漫谈:数学与哲学的故事	2014—08	28.00	369
算术问题集	2017—03	38.00	789
张教授讲数学	2018—07	38.00	933
陈永明实话实说数学教学	2020—04	68.00	1132
中学数学学科知识与教学能力	2020—06	58.00	1155
怎样把课讲好:大罕数学教学随笔	2022—03	58.00	1484
中国高考评价体系下高考数学探秘	2022—03	48.00	1487
数苑漫步	2024—01	58.00	1670
自主招生考试中的参数方程问题	2015—01	28.00	435
自主招生考试中的极坐标问题	2015—04	28.00	463
近年全国重点大学自主招生数学试题全解及研究.华约卷	2015—02	38.00	441
近年全国重点大学自主招生数学试题全解及研究.北约卷	2016—05	38.00	619
自主招生数学解证宝典	2015—09	48.00	535
中国科学技术大学创新班数学真题解析	2022—03	48.00	1488
中国科学技术大学创新班物理真题解析	2022—03	58.00	1489
格点和面积	2012—07	18.00	191
射影几何趣谈	2012—04	28.00	175
斯潘纳尔引理——从一道加拿大数学奥林匹克试题谈起	2014—01	28.00	228
李普希兹条件——从几道近年高考数学试题谈起	2012—10	18.00	221
拉格朗日中值定理——从一道北京高考试题的解法谈起	2015—10	18.00	197

刘培杰数学工作室
已出版(即将出版)图书目录——初等数学

书　名	出版时间	定价	编号
闵科夫斯基定理——从一道清华大学自主招生试题谈起	2014-01	28.00	198
哈尔测度——从一道冬令营试题的背景谈起	2012-08	28.00	202
切比雪夫逼近问题——从一道中国台北数学奥林匹克试题谈起	2013-04	38.00	238
伯恩斯坦多项式与贝齐尔曲面——从一道全国高中数学联赛试题谈起	2013-03	38.00	236
卡塔兰猜想——从一道普特南竞赛试题谈起	2013-06	18.00	256
麦卡锡函数和阿克曼函数——从一道前南斯拉夫数学奥林匹克试题谈起	2012-08	18.00	201
贝蒂定理与拉姆贝克莫斯尔定理——从一个拣石子游戏谈起	2012-08	18.00	217
皮亚诺曲线和豪斯道夫分球定理——从无限集谈起	2012-08	18.00	211
平面凸图形与凸多面体	2012-10	28.00	218
斯坦因豪斯问题——从一道二十五省市自治区中学数学竞赛试题谈起	2012-07	18.00	196
纽结理论中的亚历山大多项式与琼斯多项式——从一道北京市高一数学竞赛试题谈起	2012-07	28.00	195
原则与策略——从波利亚"解题表"谈起	2013-04	38.00	244
转化与化归——从三大尺规作图不能问题谈起	2012-08	28.00	214
代数几何中的贝祖定理(第一版)——从一道IMO试题的解法谈起	2013-08	18.00	193
成功连贯理论与约当块理论——从一道比利时数学竞赛试题谈起	2012-04	18.00	180
素数判定与大数分解	2014-08	18.00	199
置换多项式及其应用	2012-10	18.00	220
椭圆函数与模函数——从一道美国加州大学洛杉矶分校(UCLA)博士资格考题谈起	2012-10	28.00	219
差分方程的拉格朗日方法——从一道2011年全国高考理科试题的解法谈起	2012-08	28.00	200
力学在几何中的一些应用	2013-01	38.00	240
从根式解到伽罗华理论	2020-01	48.00	1121
康托洛维奇不等式——从一道全国高中联赛试题谈起	2013-03	28.00	337
拉克斯定理和阿廷定理——从一道IMO试题的解法谈起	2014-01	58.00	246
毕卡大定理——从一道美国大学数学竞赛试题谈起	2014-07	18.00	350
拉格朗日乘子定理——从一道2005年全国高中联赛试题的高等数学解法谈起	2015-05	28.00	480
雅可比定理——从一道日本数学奥林匹克试题谈起	2013-04	48.00	249
李天岩-约克定理——从一道波兰数学竞赛试题谈起	2014-06	28.00	349
受控理论与初等不等式:从一道IMO试题的解法谈起	2023-03	48.00	1601
布劳维不动点定理——从一道前苏联数学奥林匹克试题谈起	2014-01	38.00	273
莫德尔-韦伊定理——从一道日本数学奥林匹克试题谈起	2024-10	48.00	1602
斯蒂尔杰斯积分——从一道国际大学生数学竞赛试题的解法谈起	2024-10	68.00	1605
切博塔廖夫猜想——从一道1978年全国高中数学竞赛试题谈起	2024-10	38.00	1606
卡西尼卵形线:从一道高中数学期中考试试题谈起	2024-10	48.00	1607
格罗斯问题:亚纯函数的唯一性问题	2024-10	48.00	1608
布格尔问题——从一道第6届全国中学生物理竞赛预赛试题谈起	2024-09	68.00	1609
多项式逼近问题——从一道美国大学生数学竞赛试题谈起	2024-10	48.00	1748
中国剩余定理:总数法构建中国历史年表	2015-01	28.00	430
牛顿程序与方程求根——从一道全国高考试题解法谈起	即将出版		
库默尔定理——从一道IMO预选试题谈起	即将出版		
卢丁定理——从一道冬令营试题的解法谈起	即将出版		
沃斯滕霍姆定理——从一道IMO预选试题谈起	即将出版		
卡尔松不等式——从一道莫斯科数学奥林匹克试题谈起	即将出版		
信息论中的香农熵——从一道近年高考压轴题谈起	即将出版		

刘培杰数学工作室
已出版(即将出版)图书目录——初等数学

书 名	出版时间	定 价	编号
约当不等式——从一道希望杯竞赛试题谈起	即将出版		
拉比诺维奇定理	即将出版		
刘维尔定理——从一道《美国数学月刊》征解问题的解法谈起	即将出版		
卡塔兰恒等式与级数求和——从一道IMO试题的解法谈起	即将出版		
勒让德猜想与素数分布——从一道爱尔兰竞赛试题谈起	即将出版		
天平称重与信息论——从一道基辅市数学奥林匹克试题谈起	即将出版		
哈密尔顿-凯莱定理:从一道高中数学联赛试题的解法谈起	2014—09	18.00	376
艾思特曼定理——从一道CMO试题的解法谈起	即将出版		
阿贝尔恒等式与经典不等式及应用	2018—06	98.00	923
迪利克雷除数问题	2018—07	48.00	930
幻方、幻立方与拉丁方	2019—08	48.00	1092
帕斯卡三角形	2014—03	18.00	294
蒲丰投针问题——从2009年清华大学的一道自主招生试题谈起	2014—01	38.00	295
斯图姆定理——从一道"华约"自主招生试题的解法谈起	2014—01	18.00	296
许瓦兹引理——从一道加利福尼亚大学伯克利分校数学系博士生试题谈起	2014—08	18.00	297
拉姆塞定理——从王诗宬院士的一个问题谈起	2016—04	48.00	299
坐标法	2013—12	28.00	332
数论三角形	2014—04	38.00	341
毕克定理	2014—07	18.00	352
数林掠影	2014—09	48.00	389
我们周围的概率	2014—10	38.00	390
凸函数最值定理:从一道华约自主招生题的解法谈起	2014—10	28.00	391
易学与数学奥林匹克	2014—10	38.00	392
生物数学趣谈	2015—01	18.00	409
反演	2015—01	28.00	420
因式分解与圆锥曲线	2015—01	18.00	426
轨迹	2015—01	28.00	427
面积原理:从常庚哲命的一道CMO试题的积分解法谈起	2015—01	48.00	431
形形色色的不动点定理:从一道28届IMO试题谈起	2015—01	38.00	439
柯西函数方程:从一道上海交大自主招生的试题谈起	2015—02	28.00	440
三角恒等式	2015—02	28.00	442
无理性判定:从一道2014年"北约"自主招生试题谈起	2015—01	38.00	443
数学归纳法	2015—03	18.00	451
极端原理与解题	2015—04	28.00	464
法雷级数	2014—08	18.00	367
摆线族	2015—01	38.00	438
函数方程及其解法	2015—05	38.00	470
含参数的方程和不等式	2012—09	28.00	213
希尔伯特第十问题	2016—01	38.00	543
无穷小量的求和	2016—01	28.00	545
切比雪夫多项式:从一道清华大学金秋营试题谈起	2016—01	38.00	583
泽肯多夫定理	2016—03	38.00	599
代数等式证题法	2016—01	28.00	600
三角等式证题法	2016—01	28.00	601
吴大任教授藏书中的一个因式分解公式:从一道美国数学邀请赛试题的解法谈起	2016—06	28.00	656
易卦——类万物的数学模型	2017—08	68.00	838
"不可思议"的数与数系可持续发展	2018—01	38.00	878
最短线	2018—01	38.00	879
数学在天文、地理、光学、机械力学中的一些应用	2023—03	88.00	1576
从阿基米德三角形谈起	2023—01	28.00	1578

刘培杰数学工作室
已出版(即将出版)图书目录——初等数学

书 名	出版时间	定 价	编号
幻方和魔方(第一卷)	2012—05	68.00	173
尘封的经典——初等数学经典文献选读(第一卷)	2012—07	48.00	205
尘封的经典——初等数学经典文献选读(第二卷)	2012—07	38.00	206
初级方程式论	2011—03	28.00	106
初等数学研究(Ⅰ)	2008—09	68.00	37
初等数学研究(Ⅱ)(上、下)	2009—05	118.00	46,47
初等数学专题研究	2022—10	68.00	1568
趣味初等方程妙题集锦	2014—09	48.00	388
趣味初等数论选美与欣赏	2015—02	48.00	445
耕读笔记(上卷):一位农民数学爱好者的初数探索	2015—04	28.00	459
耕读笔记(中卷):一位农民数学爱好者的初数探索	2015—05	28.00	483
耕读笔记(下卷):一位农民数学爱好者的初数探索	2015—05	28.00	484
几何不等式研究与欣赏.上卷	2016—01	88.00	547
几何不等式研究与欣赏.下卷	2016—01	48.00	552
初等数列研究与欣赏·上	2016—01	48.00	570
初等数列研究与欣赏·下	2016—01	48.00	571
趣味初等函数研究与欣赏.上	2016—09	48.00	684
趣味初等函数研究与欣赏.下	2018—09	48.00	685
三角不等式研究与欣赏	2020—10	68.00	1197
新编平面解析几何解题方法研究与欣赏	2021—10	78.00	1426
火柴游戏(第2版)	2022—05	38.00	1493
智力解谜.第1卷	2017—07	38.00	613
智力解谜.第2卷	2017—07	38.00	614
故事智力	2016—07	48.00	615
名人们喜欢的智力问题	2020—01	48.00	616
数学大师的发现、创造与失误	2018—01	48.00	617
异曲同工	2018—09	48.00	618
数学的味道(第2版)	2023—10	68.00	1686
数学千字文	2018—10	68.00	977
数贝偶拾——高考数学题研究	2014—04	28.00	274
数贝偶拾——初等数学研究	2014—04	38.00	275
数贝偶拾——奥数题研究	2014—04	48.00	276
钱昌本教你快乐学数学(上)	2011—12	48.00	155
钱昌本教你快乐学数学(下)	2012—03	58.00	171
集合、函数与方程	2014—01	28.00	300
数列与不等式	2014—01	38.00	301
三角与平面向量	2014—01	28.00	302
平面解析几何	2014—01	38.00	303
立体几何与组合	2014—01	28.00	304
极限与导数、数学归纳法	2014—01	38.00	305
趣味数学	2014—03	28.00	306
教材教法	2014—04	68.00	307
自主招生	2014—05	58.00	308
高考压轴题(上)	2015—01	48.00	309
高考压轴题(下)	2014—10	68.00	310

刘培杰数学工作室
已出版(即将出版)图书目录——初等数学

书　　名	出版时间	定　价	编号
从费马到怀尔斯——费马大定理的历史	2013—10	198.00	I
从庞加莱到佩雷尔曼——庞加莱猜想的历史	2013—10	298.00	II
从切比雪夫到爱尔特希(上)——素数定理的初等证明	2013—07	48.00	III
从切比雪夫到爱尔特希(下)——素数定理100年	2012—12	98.00	III
从高斯到盖尔方特——二次域的高斯猜想	2013—10	198.00	IV
从库默尔到朗兰兹——朗兰兹猜想的历史	2014—01	98.00	V
从比勃巴赫到德布朗斯——比勃巴赫猜想的历史	2014—02	298.00	VI
从麦比乌斯到陈省身——麦比乌斯变换与麦比乌斯带	2014—02	298.00	VII
从布尔到豪斯道夫——布尔方程与格论漫谈	2013—10	198.00	VIII
从开普勒到阿诺德——三体问题的历史	2014—05	298.00	IX
从华林到华罗庚——华林问题的历史	2013—10	298.00	X
美国高中数学竞赛五十讲.第1卷(英文)	2014—08	28.00	357
美国高中数学竞赛五十讲.第2卷(英文)	2014—08	28.00	358
美国高中数学竞赛五十讲.第3卷(英文)	2014—09	28.00	359
美国高中数学竞赛五十讲.第4卷(英文)	2014—09	28.00	360
美国高中数学竞赛五十讲.第5卷(英文)	2014—10	28.00	361
美国高中数学竞赛五十讲.第6卷(英文)	2014—11	28.00	362
美国高中数学竞赛五十讲.第7卷(英文)	2014—12	28.00	363
美国高中数学竞赛五十讲.第8卷(英文)	2015—01	28.00	364
美国高中数学竞赛五十讲.第9卷(英文)	2015—01	28.00	365
美国高中数学竞赛五十讲.第10卷(英文)	2015—02	38.00	366
三角函数(第2版)	2017—04	38.00	626
不等式	2014—01	38.00	312
数列	2014—01	38.00	313
方程(第2版)	2017—04	38.00	624
排列和组合	2014—01	28.00	315
极限与导数(第2版)	2016—04	38.00	635
向量(第2版)	2018—08	58.00	627
复数及其应用	2014—08	28.00	318
函数	2014—01	38.00	319
集合	2020—01	48.00	320
直线与平面	2014—01	28.00	321
立体几何(第2版)	2016—04	38.00	629
解三角形	即将出版		323
直线与圆(第2版)	2016—11	38.00	631
圆锥曲线(第2版)	2016—09	48.00	632
解题通法(一)	2014—07	38.00	326
解题通法(二)	2014—07	38.00	327
解题通法(三)	2014—05	38.00	328
概率与统计	2014—01	28.00	329
信息迁移与算法	即将出版		330

刘培杰数学工作室
已出版(即将出版)图书目录——初等数学

书　名	出版时间	定　价	编号
IMO 50 年.第 1 卷(1959—1963)	2014—11	28.00	377
IMO 50 年.第 2 卷(1964—1968)	2014—11	28.00	378
IMO 50 年.第 3 卷(1969—1973)	2014—09	28.00	379
IMO 50 年.第 4 卷(1974—1978)	2016—04	38.00	380
IMO 50 年.第 5 卷(1979—1984)	2015—04	38.00	381
IMO 50 年.第 6 卷(1985—1989)	2015—04	58.00	382
IMO 50 年.第 7 卷(1990—1994)	2016—01	48.00	383
IMO 50 年.第 8 卷(1995—1999)	2016—06	38.00	384
IMO 50 年.第 9 卷(2000—2004)	2015—04	58.00	385
IMO 50 年.第 10 卷(2005—2009)	2016—01	48.00	386
IMO 50 年.第 11 卷(2010—2015)	2017—03	48.00	646
数学反思(2006—2007)	2020—09	88.00	915
数学反思(2008—2009)	2019—01	68.00	917
数学反思(2010—2011)	2018—05	58.00	916
数学反思(2012—2013)	2019—01	58.00	918
数学反思(2014—2015)	2019—03	78.00	919
数学反思(2016—2017)	2021—03	58.00	1286
数学反思(2018—2019)	2023—01	88.00	1593
历届美国大学生数学竞赛试题集.第一卷(1938—1949)	2015—01	28.00	397
历届美国大学生数学竞赛试题集.第二卷(1950—1959)	2015—01	28.00	398
历届美国大学生数学竞赛试题集.第三卷(1960—1969)	2015—01	28.00	399
历届美国大学生数学竞赛试题集.第四卷(1970—1979)	2015—01	18.00	400
历届美国大学生数学竞赛试题集.第五卷(1980—1989)	2015—01	28.00	401
历届美国大学生数学竞赛试题集.第六卷(1990—1999)	2015—01	28.00	402
历届美国大学生数学竞赛试题集.第七卷(2000—2009)	2015—08	18.00	403
历届美国大学生数学竞赛试题集.第八卷(2010—2012)	2015—01	18.00	404
新课标高考数学创新题解题诀窍:总论	2014—09	28.00	372
新课标高考数学创新题解题诀窍:必修 1~5 分册	2014—08	38.00	373
新课标高考数学创新题解题诀窍:选修 2－1,2－2,1－1,1－2分册	2014—09	38.00	374
新课标高考数学创新题解题诀窍:选修 2－3,4－4,4－5分册	2014—09	18.00	375
全国重点大学自主招生英文数学试题全攻略:词汇卷	2015—07	48.00	410
全国重点大学自主招生英文数学试题全攻略:概念卷	2015—01	28.00	411
全国重点大学自主招生英文数学试题全攻略:文章选读卷(上)	2016—09	38.00	412
全国重点大学自主招生英文数学试题全攻略:文章选读卷(下)	2017—01	58.00	413
全国重点大学自主招生英文数学试题全攻略:试题卷	2015—07	38.00	414
全国重点大学自主招生英文数学试题全攻略:名著欣赏卷	2017—03	48.00	415
劳埃德数学趣题大全.题目卷.1:英文	2016—01	18.00	516
劳埃德数学趣题大全.题目卷.2:英文	2016—01	18.00	517
劳埃德数学趣题大全.题目卷.3:英文	2016—01	18.00	518
劳埃德数学趣题大全.题目卷.4:英文	2016—01	18.00	519
劳埃德数学趣题大全.题目卷.5:英文	2016—01	18.00	520
劳埃德数学趣题大全.答案卷:英文	2016—01	18.00	521

刘培杰数学工作室
已出版(即将出版)图书目录——初等数学

书 名	出版时间	定价	编号
李成章教练奥数笔记.第1卷	2016—01	48.00	522
李成章教练奥数笔记.第2卷	2016—01	48.00	523
李成章教练奥数笔记.第3卷	2016—01	38.00	524
李成章教练奥数笔记.第4卷	2016—01	38.00	525
李成章教练奥数笔记.第5卷	2016—01	38.00	526
李成章教练奥数笔记.第6卷	2016—01	38.00	527
李成章教练奥数笔记.第7卷	2016—01	38.00	528
李成章教练奥数笔记.第8卷	2016—01	48.00	529
李成章教练奥数笔记.第9卷	2016—01	28.00	530
第19~23届"希望杯"全国数学邀请赛试题审题要津详细评注(初一版)	2014—03	28.00	333
第19~23届"希望杯"全国数学邀请赛试题审题要津详细评注(初二、初三版)	2014—03	38.00	334
第19~23届"希望杯"全国数学邀请赛试题审题要津详细评注(高一版)	2014—03	28.00	335
第19~23届"希望杯"全国数学邀请赛试题审题要津详细评注(高二版)	2014—03	38.00	336
第19~25届"希望杯"全国数学邀请赛试题审题要津详细评注(初一版)	2015—01	38.00	416
第19~25届"希望杯"全国数学邀请赛试题审题要津详细评注(初二、初三版)	2015—01	58.00	417
第19~25届"希望杯"全国数学邀请赛试题审题要津详细评注(高一版)	2015—01	48.00	418
第19~25届"希望杯"全国数学邀请赛试题审题要津详细评注(高二版)	2015—01	48.00	419
物理奥林匹克竞赛大题典——力学卷	2014—11	48.00	405
物理奥林匹克竞赛大题典——热学卷	2014—04	28.00	339
物理奥林匹克竞赛大题典——电磁学卷	2015—07	48.00	406
物理奥林匹克竞赛大题典——光学与近代物理卷	2014—06	28.00	345
历届中国东南地区数学奥林匹克试题及解答	2024—06	68.00	1724
历届中国西部地区数学奥林匹克试题集(2001~2012)	2014—07	18.00	347
历届中国女子数学奥林匹克试题集(2002~2012)	2014—08	18.00	348
数学奥林匹克在中国	2014—06	98.00	344
数学奥林匹克问题集	2014—01	38.00	267
数学奥林匹克不等式散论	2010—06	38.00	124
数学奥林匹克不等式欣赏	2011—09	38.00	138
数学奥林匹克超级题库(初中卷上)	2010—01	58.00	66
数学奥林匹克不等式证明方法和技巧(上、下)	2011—08	158.00	134,135
他们学什么:原民主德国中学数学课本	2016—09	38.00	658
他们学什么:英国中学数学课本	2016—09	38.00	659
他们学什么:法国中学数学课本.1	2016—09	38.00	660
他们学什么:法国中学数学课本.2	2016—09	28.00	661
他们学什么:法国中学数学课本.3	2016—09	38.00	662
他们学什么:苏联中学数学课本	2016—09	28.00	679

刘培杰数学工作室
已出版(即将出版)图书目录——初等数学

书 名	出版时间	定 价	编号
高中数学题典——集合与简易逻辑·函数	2016—07	48.00	647
高中数学题典——导数	2016—07	48.00	648
高中数学题典——三角函数·平面向量	2016—07	48.00	649
高中数学题典——数列	2016—07	58.00	650
高中数学题典——不等式·推理与证明	2016—07	38.00	651
高中数学题典——立体几何	2016—07	48.00	652
高中数学题典——平面解析几何	2016—07	78.00	653
高中数学题典——计数原理·统计·概率·复数	2016—07	48.00	654
高中数学题典——算法·平面几何·初等数论·组合数学·其他	2016—07	68.00	655
台湾地区奥林匹克数学竞赛试题.小学一年级	2017—03	38.00	722
台湾地区奥林匹克数学竞赛试题.小学二年级	2017—03	38.00	723
台湾地区奥林匹克数学竞赛试题.小学三年级	2017—03	38.00	724
台湾地区奥林匹克数学竞赛试题.小学四年级	2017—03	38.00	725
台湾地区奥林匹克数学竞赛试题.小学五年级	2017—03	38.00	726
台湾地区奥林匹克数学竞赛试题.小学六年级	2017—03	38.00	727
台湾地区奥林匹克数学竞赛试题.初中一年级	2017—03	38.00	728
台湾地区奥林匹克数学竞赛试题.初中二年级	2017—03	38.00	729
台湾地区奥林匹克数学竞赛试题.初中三年级	2017—03	28.00	730
不等式证题法	2017—04	28.00	747
平面几何培优教程	2019—08	88.00	748
奥数鼎级培优教程.高一分册	2018—09	88.00	749
奥数鼎级培优教程.高二分册.上	2018—04	68.00	750
奥数鼎级培优教程.高二分册.下	2018—04	68.00	751
高中数学竞赛冲刺宝典	2019—04	68.00	883
初中尖子生数学超级题典.实数	2017—07	58.00	792
初中尖子生数学超级题典.式、方程与不等式	2017—08	58.00	793
初中尖子生数学超级题典.圆、面积	2017—08	38.00	794
初中尖子生数学超级题典.函数、逻辑推理	2017—08	48.00	795
初中尖子生数学超级题典.角、线段、三角形与多边形	2017—07	58.00	796
数学王子——高斯	2018—01	48.00	858
坎坷奇星——阿贝尔	2018—01	48.00	859
闪烁奇星——伽罗瓦	2018—01	58.00	860
无穷统帅——康托尔	2018—01	48.00	861
科学公主——柯瓦列夫斯卡娅	2018—01	48.00	862
抽象代数之母——埃米·诺特	2018—01	48.00	863
电脑先驱——图灵	2018—01	58.00	864
昔日神童——维纳	2018—01	48.00	865
数坛怪侠——爱尔特希	2018—01	68.00	866
传奇数学家徐利治	2019—09	88.00	1110

刘培杰数学工作室
已出版(即将出版)图书目录——初等数学

书 名	出版时间	定 价	编号
当代世界中的数学.数学思想与数学基础	2019—01	38.00	892
当代世界中的数学.数学问题	2019—01	38.00	893
当代世界中的数学.应用数学与数学应用	2019—01	38.00	894
当代世界中的数学.数学王国的新疆域(一)	2019—01	38.00	895
当代世界中的数学.数学王国的新疆域(二)	2019—01	38.00	896
当代世界中的数学.数林撷英(一)	2019—01	38.00	897
当代世界中的数学.数林撷英(二)	2019—01	48.00	898
当代世界中的数学.数学之路	2019—01	38.00	899
105个代数问题:来自 AwesomeMath 夏季课程	2019—02	58.00	956
106个几何问题:来自 AwesomeMath 夏季课程	2020—07	58.00	957
107个几何问题:来自 AwesomeMath 全年课程	2020—07	58.00	958
108个代数问题:来自 AwesomeMath 全年课程	2019—01	68.00	959
109个不等式:来自 AwesomeMath 夏季课程	2019—04	58.00	960
110个几何问题:选自各国数学奥林匹克竞赛	2024—04	58.00	961
111个代数和数论问题	2019—05	58.00	962
112个组合问题:来自 AwesomeMath 夏季课程	2019—05	58.00	963
113个几何不等式:来自 AwesomeMath 夏季课程	2020—08	58.00	964
114个指数和对数问题:来自 AwesomeMath 夏季课程	2019—09	48.00	965
115个三角问题:来自 AwesomeMath 夏季课程	2019—09	58.00	966
116个代数不等式:来自 AwesomeMath 全年课程	2019—04	58.00	967
117个多项式问题:来自 AwesomeMath 夏季课程	2021—09	58.00	1409
118个数学竞赛不等式	2022—08	78.00	1526
119个三角问题	2024—05	58.00	1726
119个三角问题	2024—05	58.00	1726
紫色彗星国际数学竞赛试题	2019—02	58.00	999
数学竞赛中的数学:为数学爱好者、父母、教师和教练准备的丰富资源.第一部	2020—04	58.00	1141
数学竞赛中的数学:为数学爱好者、父母、教师和教练准备的丰富资源.第二部	2020—07	48.00	1142
和与积	2020—10	38.00	1219
数论:概念和问题	2020—12	68.00	1257
初等数学问题研究	2021—03	48.00	1270
数学奥林匹克中的欧几里得几何	2021—10	68.00	1413
数学奥林匹克题解新编	2022—01	58.00	1430
图论入门	2022—09	58.00	1554
新的、更新的、最新的不等式	2023—07	58.00	1650
几何不等式相关问题	2024—04	58.00	1721
数学归纳法——一种高效而简捷的证明方法	2024—06	48.00	1738
数学竞赛中奇妙的多项式	2024—01	78.00	1646
120个奇妙的代数问题及20个奖励问题	2024—04	48.00	1647
几何不等式相关问题	2024—04	58.00	1721
数学竞赛中的十个代数主题	2024—10	58.00	1745

刘培杰数学工作室
已出版(即将出版)图书目录——初等数学

书 名	出版时间	定 价	编号
澳大利亚中学数学竞赛试题及解答(初级卷)1978~1984	2019—02	28.00	1002
澳大利亚中学数学竞赛试题及解答(初级卷)1985~1991	2019—02	28.00	1003
澳大利亚中学数学竞赛试题及解答(初级卷)1992~1998	2019—02	28.00	1004
澳大利亚中学数学竞赛试题及解答(初级卷)1999~2005	2019—02	28.00	1005
澳大利亚中学数学竞赛试题及解答(中级卷)1978~1984	2019—03	28.00	1006
澳大利亚中学数学竞赛试题及解答(中级卷)1985~1991	2019—03	28.00	1007
澳大利亚中学数学竞赛试题及解答(中级卷)1992~1998	2019—03	28.00	1008
澳大利亚中学数学竞赛试题及解答(中级卷)1999~2005	2019—03	28.00	1009
澳大利亚中学数学竞赛试题及解答(高级卷)1978~1984	2019—05	28.00	1010
澳大利亚中学数学竞赛试题及解答(高级卷)1985~1991	2019—05	28.00	1011
澳大利亚中学数学竞赛试题及解答(高级卷)1992~1998	2019—05	28.00	1012
澳大利亚中学数学竞赛试题及解答(高级卷)1999~2005	2019—05	28.00	1013
天才中小学生智力测验题.第一卷	2019—03	38.00	1026
天才中小学生智力测验题.第二卷	2019—03	38.00	1027
天才中小学生智力测验题.第三卷	2019—03	38.00	1028
天才中小学生智力测验题.第四卷	2019—03	38.00	1029
天才中小学生智力测验题.第五卷	2019—03	38.00	1030
天才中小学生智力测验题.第六卷	2019—03	38.00	1031
天才中小学生智力测验题.第七卷	2019—03	38.00	1032
天才中小学生智力测验题.第八卷	2019—03	38.00	1033
天才中小学生智力测验题.第九卷	2019—03	38.00	1034
天才中小学生智力测验题.第十卷	2019—03	38.00	1035
天才中小学生智力测验题.第十一卷	2019—03	38.00	1036
天才中小学生智力测验题.第十二卷	2019—03	38.00	1037
天才中小学生智力测验题.第十三卷	2019—03	38.00	1038
重点大学自主招生数学备考全书:函数	2020—05	48.00	1047
重点大学自主招生数学备考全书:导数	2020—05	48.00	1048
重点大学自主招生数学备考全书:数列与不等式	2019—10	78.00	1049
重点大学自主招生数学备考全书:三角函数与平面向量	2020—08	68.00	1050
重点大学自主招生数学备考全书:平面解析几何	2020—07	58.00	1051
重点大学自主招生数学备考全书:立体几何与平面几何	2019—08	48.00	1052
重点大学自主招生数学备考全书:排列组合•概率统计•复数	2019—09	48.00	1053
重点大学自主招生数学备考全书:初等数论与组合数学	2019—08	48.00	1054
重点大学自主招生数学备考全书:重点大学自主招生真题.上	2019—04	68.00	1055
重点大学自主招生数学备考全书:重点大学自主招生真题.下	2019—04	58.00	1056
高中数学竞赛培训教程:平面几何问题的求解方法与策略.上	2018—05	68.00	906
高中数学竞赛培训教程:平面几何问题的求解方法与策略.下	2018—06	78.00	907
高中数学竞赛培训教程:整除与同余以及不定方程	2018—01	88.00	908
高中数学竞赛培训教程:组合计数与组合极值	2018—04	48.00	909
高中数学竞赛培训教程:初等代数	2019—04	78.00	1042
高中数学讲座:数学竞赛基础教程(第一册)	2019—06	48.00	1094
高中数学讲座:数学竞赛基础教程(第二册)	即将出版		1095
高中数学讲座:数学竞赛基础教程(第三册)	即将出版		1096
高中数学讲座:数学竞赛基础教程(第四册)	即将出版		1097

刘培杰数学工作室
已出版(即将出版)图书目录——初等数学

书 名	出版时间	定 价	编号
新编中学数学解题方法1000招丛书.实数(初中版)	2022—05	58.00	1291
新编中学数学解题方法1000招丛书.式(初中版)	2022—05	48.00	1292
新编中学数学解题方法1000招丛书.方程与不等式(初中版)	2021—04	58.00	1293
新编中学数学解题方法1000招丛书.函数(初中版)	2022—05	38.00	1294
新编中学数学解题方法1000招丛书.角(初中版)	2022—05	48.00	1295
新编中学数学解题方法1000招丛书.线段(初中版)	2022—05	48.00	1296
新编中学数学解题方法1000招丛书.三角形与多边形(初中版)	2021—04	48.00	1297
新编中学数学解题方法1000招丛书.圆(初中版)	2022—05	48.00	1298
新编中学数学解题方法1000招丛书.面积(初中版)	2021—07	28.00	1299
新编中学数学解题方法1000招丛书.逻辑推理(初中版)	2022—06	48.00	1300
高中数学题典精编.第一辑.函数	2022—01	58.00	1444
高中数学题典精编.第一辑.导数	2022—01	68.00	1445
高中数学题典精编.第一辑.三角函数·平面向量	2022—01	68.00	1446
高中数学题典精编.第一辑.数列	2022—01	58.00	1447
高中数学题典精编.第一辑.不等式·推理与证明	2022—01	58.00	1448
高中数学题典精编.第一辑.立体几何	2022—01	58.00	1449
高中数学题典精编.第一辑.平面解析几何	2022—01	68.00	1450
高中数学题典精编.第一辑.统计·概率·平面几何	2022—01	58.00	1451
高中数学题典精编.第一辑.初等数论·组合数学·数学文化·解题方法	2022—01	58.00	1452
历届全国初中数学竞赛试题分类解析.初等代数	2022—09	98.00	1555
历届全国初中数学竞赛试题分类解析.初等数论	2022—09	48.00	1556
历届全国初中数学竞赛试题分类解析.平面几何	2022—09	38.00	1557
历届全国初中数学竞赛试题分类解析.组合	2022—09	38.00	1558
从三道高三数学模拟题的背景谈起:兼谈傅里叶三角级数	2023—03	48.00	1651
从一道日本东京大学的入学试题谈起:兼谈π的方方面面	即将出版		1652
从两道2021年福建高三数学测试题谈起:兼谈球面几何学与球面三角学	即将出版		1653
从一道湖南高考数学试题谈起:兼谈有界变差数列	2024—01	48.00	1654
从一道高校自主招生试题谈起:兼谈詹森函数方程	即将出版		1655
从一道上海高考数学试题谈起:兼谈有界变差函数	即将出版		1656
从一道北京大学金秋营数学试题的解法谈起:兼谈伽罗瓦理论	2024—10	38.00	1657
从一道北京高考数学试题的解法谈起:兼谈毕克定理	即将出版		1658
从一道北京大学金秋营数学试题的解法谈起:兼谈帕塞瓦尔恒等式	2024—10	68.00	1659
从一道高三数学模拟测试题的背景谈起:兼谈等周问题与等周不等式	即将出版		1660
从一道2020年全国高考数学试题的解法谈起:兼谈斐波那契数列和纳卡穆拉定理及奥斯图达定理	即将出版		1661
从一道高考数学附加题谈起:兼谈广义斐波那契数列	即将出版		1662

刘培杰数学工作室
已出版（即将出版）图书目录——初等数学

书　名	出版时间	定　价	编号
从一道普通高中学业水平考试中数学卷的压轴题谈起——兼谈最佳逼近理论	2024—10	58.00	1759
从一道高考数学试题谈起——兼谈李普希兹条件	即将出版		1760
从一道北京市朝阳区高三期末数学考试题的解法谈起——兼谈希尔宾斯基垫片和分形几何	即将出版		1761
从一道高考数学试题谈起——兼谈巴拿赫压缩不动点定理	即将出版		1762
从一道中国台湾地区高考数学试题谈起——兼谈费马数与计算数论	即将出版		1763
从 2022 年全国高考数学压轴题的解法谈起——兼谈数值计算中的帕德逼近	即将出版		1764
从一道清华大学 2022 年强基计划数学测试题的解法谈起——兼谈拉马努金恒等式	即将出版		1765
从一篇有关数学建模的讲义谈起——兼谈信息熵与信息论	即将出版		1766
从一道清华大学自主招生的数学试题谈起——兼谈格点与闵可夫斯基定理	即将出版		1767
从一道 1979 年高考数学试题谈起——兼谈勾股定理和毕达哥拉斯定理	即将出版		1768
从一道 2020 年北京大学"强基计划"数学试题谈起——兼谈微分几何中的包络问题	即将出版		1769
从一道高考数学试题谈起——兼谈香农的信息理论	即将出版		1770
代数学教程.第一卷,集合论	2023—08	58.00	1664
代数学教程.第二卷,抽象代数基础	2023—08	68.00	1665
代数学教程.第三卷,数论原理	2023—08	58.00	1666
代数学教程.第四卷,代数方程式论	2023—08	48.00	1667
代数学教程.第五卷,多项式理论	2023—08	58.00	1668
代数学教程.第六卷,线性代数原理	2024—06	98.00	1669
中考数学培优教程——二次函数卷	2024—05	78.00	1718
中考数学培优教程——平面几何最值卷	2024—05	58.00	1719
中考数学培优教程——专题讲座卷	2024—05	58.00	1720

联系地址:哈尔滨市南岗区复华四道街 10 号　哈尔滨工业大学出版社刘培杰数学工作室
邮　　编:150006
联系电话:0451—86281378　　13904613167
E-mail:lpj1378@163.com